ISBN 978-3-540-03802-3 ISBN 978-3-540-34938-9 (eBook)
DOI 10.1007/978-3-540-34938-9

Fortschritte der chemischen Forschung 9. Band, 4. Heft

In kritischen Übersichten werden in dieser Reihe Stand und Entwicklung aktueller chemischer Forschungsgebiete beschrieben. Sie wendet sich an alle Chemiker in Forschung und Industrie, die am Fortschritt ihrer Wissenschaft teilhaben wollen.

In der Regel werden nur Beiträge veröffentlicht, die ausdrücklich angefordert worden sind. Schriftleitung und Herausgeber sind aber für ergänzende Anregungen und Hinweise jederzeit dankbar. Manuskripte können in den „Fortschritten der chemischen Forschung" in Deutsch oder Englisch veröffentlicht werden.

Jedes Heft der Reihe ist auch einzeln käuflich.

This series presents critical reviews of the present position and future trends in modern chemical research. It is addressed to all research and industrial chemists who wish to keep abreast of advances in their subject.

As a rule, contributions are specially commissioned. The editors and publishers will, however, always be pleased to receive suggestions and supplementary information. Papers are accepted for „Fortschritte der chemischen Forschung" in either German or English.

Single issues may be purchased separately.

Zur Chemie der Schwefelylide

Dr. H. König

Hauptlaboratorium der BASF, Ludwigshafen am Rhein

Inhalt

Einleitung

Die Chemie der Schwefelylide hat zunehmend die Aufmerksamkeit und Phantasie der organischen Chemiker beschäftigt. So erschienen rasch nacheinander zwei Zusammenfassungen (*7*a, *47*a), die durch jüngste Befunde bereits zum Teil überholt sind.

Von theoretischer Seite bestand besonderes Interesse an der Frage, wie weit die schon lange bekannte Stabilisierung von freien Elektronenpaaren in z.B. carbanionischen Zentren durch benachbarte Schwefelfunktionen die Beteiligung von 3 d-Orbitalen des Schwefels einschließt oder sogar erfordert (*11, 23, 47a, 47b, 83*).

Von präparativer Seite stimulierten die schönen Ergebnisse der Wittig-Reaktion (*4, 5, 6, 47b, 93*) und verwandter Umsetzungen mit Phosphoryliden.

In der kurzen Zeitspanne, in der sie intensiv bearbeitet wurden, haben sich die Schwefelylide bereits einen festen Platz in der präparativen organischen Chemie gesichert. Neben ihrer angenehmen und sicheren Handhabung trägt dazu die Vielfalt der aus ihnen gezielt zugänglichen Reaktionsprodukte bei. Obwohl der Chemiker heute viele Reaktionen dieses Gebiets sicher beherrscht, bietet es dem Experimentator noch genügend Neuland voller Überraschungen, wie das die ständig wachsende Zahl der interessierten Arbeitsgruppen beweist.

Die Übersicht beschränkt sich bewußt auf Schwefel-Ylide im klassischen Sinne unter Ausklammerung der carbanionischen Spezies, die z.B. von Sulfonen (*47d*), Sulfoxyden (*7b, 47c*) und Thioacetalen (*14, 15*) abgeleitet sind oder der Ylid-analogen Schwefel-Stickstoff-Verbindungen, in denen der Stickstoff das Reaktionszentrum darstellt (*47e*).

Die Einbeziehung der gleichermaßen vielseitigen und interessanten Chemie dieser Verbindungsklassen hätte den Rahmen des Referates sprengen müssen.

A. Nicht-stabilisierte Sulfonium- und Oxosulfonium-ylide

I. Reaktionen mit Kohlenstoff-Heteromehrfachbindungen

a) Die C=O-Bindung

Unter den oben genannten Gesichtspunkten studierten *E. J. Corey* und *M. Chaykovsky* (*16*) die Darstellung von Dimethyl-oxosulfonium-methylid (1)

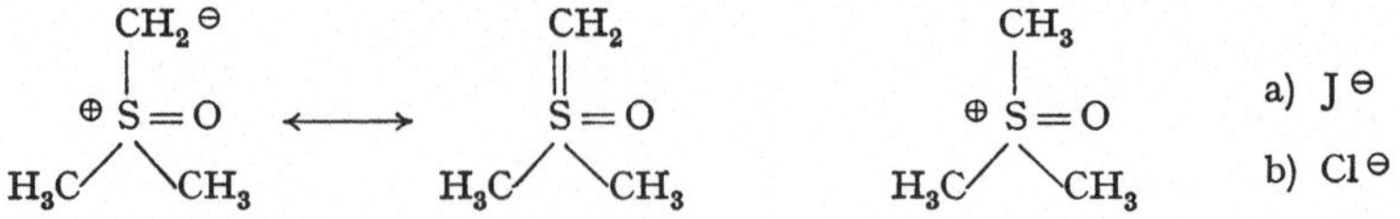

$$(CH_3)_2\overset{\oplus}{S}(=O)-CH_2^{\ominus} \longleftrightarrow (CH_3)_2S(=O)=CH_2 \qquad (1)$$

$$(CH_3)_2\overset{\oplus}{S}(=O)-CH_3 \qquad \text{a) } J^{\ominus} \quad \text{b) } Cl^{\ominus} \qquad (2)$$

aus Trimethyl-oxosulfoniumjodid (2a) (*64, 66a, 88a*) und starken Basen. Die Reindarstellung von (1) ist bisher nicht gelungen (*13*); rührt man stöchiometrische Mengen Natriumhydrid zur Lösung von (2a) in Dimethylsulfoxyd (DMSO), so erhält man in sehr guter Ausbeute etwa molare Lösungen von (1), die sich unter Stickstoff längere Zeit aufbewahren lassen. Ähnliche Vorratslösungen kann man aus dem besser löslichen (2b) in Tetrahydrofuran oder Dioxan bereiten.

Derartige Lösungen reagieren mit Aldehyden oder Ketonen nicht wie die Phosphorylide unter Sauerstoff-Methylen-Austausch, sondern geben in guten bis sehr guten Ausbeuten die Epoxyde (*13*) (z.B. Schema A) und Dimethylsulfoxyd.

$$(1) + O{=}C(C_6H_5)H \not\longrightarrow H_2C{=}C(C_6H_5)H + H_3C{-}S(=O)_2{-}CH_3$$

$$(1) + O{=}C(C_6H_5)H \xrightarrow[\text{THF}]{55^\circ C} \underset{\text{(O–CH}_2\text{–C Epoxid)}}{O\!-\!CH_2\!-\!C(C_6H_5)H} + H_3C{-}S(=O){-}CH_3 \quad 56\,\% \qquad \text{(A)}$$

Gelegentlich weichen Carbonylverbindungen mit acidem Wasserstoff durch Enolatbildung aus. So wurde z.B. Desoxybenzoin unverändert zurückgewonnen (*13*).

Thiobenzophenon vermag ebenfalls analog Schema (A) zu reagieren. Man erhält 1,1-Diphenyl-äthylenepisulfid in 71 % Ausbeute (*13*).

Eine interessante Ergänzung zu (1) bietet das analog aus Trimethylsulfoniumsalzen (4) bei tiefen Temperaturen zugängliche weniger stabile Dimethyl-sulfoniummethylid (3). (Auf die nur wenig bearbeiteten höheren Alkylsulfonium-ylide wird im Kapitel III eingegangen. Sulfoniumylide sind allgemein weniger stabil und stärker nucleophil als die entsprechenden Oxosulfonium-ylide, bei denen der zusätzliche elektronegative Sauerstoff am Schwefel zur besseren „Unterbringung" des Ylid-Elektronenpaars beiträgt.)

$$(H_3C)_2S{=}CH_2 \longleftrightarrow (H_3C)_2\overset{\oplus}{S}{-}CH_2^{\ominus} \quad (3) \qquad (H_3C)_2\overset{\oplus}{S}{-}CH_3\ X^{\ominus} \quad (4)$$

X: a = $J^{\ominus}$, b = $ClO_4^{\ominus}$, c = $Cl^{\ominus}$, d = $SO_4^{\ominus\ominus}$

Als Base lassen sich für die Freisetzung des Ylids (3) Methyl-lithium (*101*), Kalium-tertiär-butylat (*26*), Methyl-sulfinylcarbanion (*18*) oder n-Buthyl-lithium (*13*) verwenden. Im Gegensatz zu (1) (s. A II) reagiert

(3) auch mit αβ,-ungesättigten Ketonen ausschließlich unter Bildung von Epoxyden. Aus Benzalacetophenon entsteht so z. B. in fast quantitativer Ausbeute (*13*) 2-Phenyl-2(-*β*-phenyläthenyl-)oxiran (vgl. B) und Dimethylsulfid (DMS).

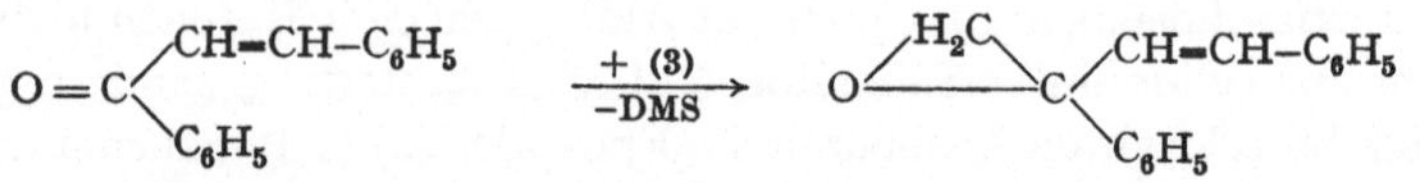

$$O{=}C(CH{=}CH{-}C_6H_5)(C_6H_5) \xrightarrow[-DMS]{+\,(3)} \text{Oxiran: } H_2C{-}O{-}C(CH{=}CH{-}C_6H_5)(C_6H_5) \qquad (B)$$

Außerdem unterscheiden sich die beiden Ylide (1) und (3) in ihrem stereochemischen Verhalten (*13*). So wird z. B. Dihydrotestosteron von (1) in das *α*-Epoxyd (5) umgewandelt, während (3) das β-Epoxyd (6) ergibt (*12*) (Schema C).

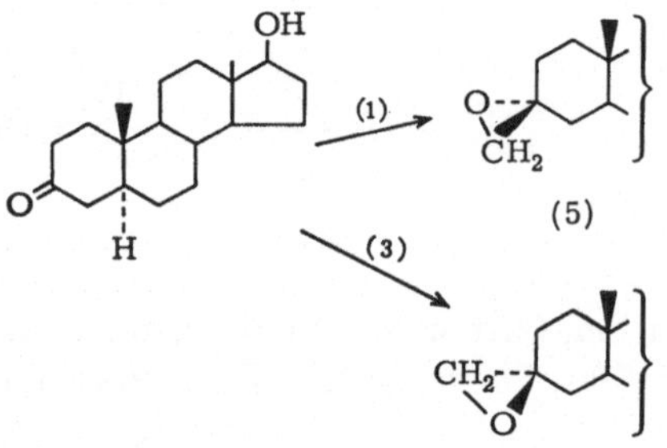

OH, O, H, (1), (3), O, CH_2, (5), CH_2, O, (6) (C)

Das unterschiedliche Verhalten wird so gedeutet, daß beide Ylide sich bevorzugt von der sterisch günstigeren α-Seite nähern (12, 24). Die sterisch weniger anspruchsvolle Sulfoniumgruppe läßt sich nun leichter in die für den Oxiranringschluß notwendige trans-coplanare Lage von Sauerstoff und Schwefel bringen (7) als das Addukt (8) mit der sperrigen Oxosulfoniumgruppe. Da (1) außerdem weniger reaktionsfähig ist als (3), wird ein Gleichgewicht zwischen (8) und (9) diskutiert. Von (9)

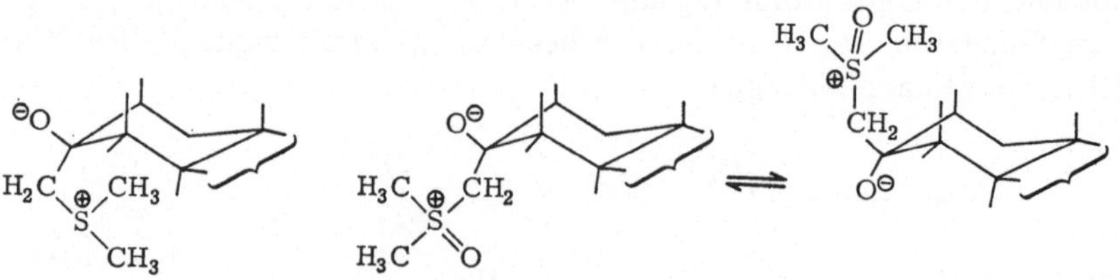

$^{\ominus}O$, H_2C, $\oplus$, CH_3, S, CH_3 (7)

$O^{\ominus}$, H_3C, $\oplus$, CH_2, S, H_3C, O (8) ⇌

H_3C, O, CH_3, $\oplus$S, CH_2, $O^{\ominus}$ (9)

aus läßt sich nun die trans-coplanare Lage und damit der Ringschluß zum Oxiran verwirklichen. Eine derartige Folge von nucleophiler Addition des Ylids und anschließender (intramolekularer) Substitution von Sulfoxyd oder Thioäther durch ein Nucleophil wird bei vielen Reaktionen der Schwefelylide beobachtet.

Sterische und elektronische Gründe dürften für die selektive Bildung von (10) aus Norborn-2-en-7-on (11) verantwortlich sein (*8*).

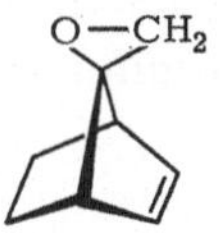

O—CH_2

(10)

Mit den Addukten (7), (8) und (9) sind Primärprodukte nucleophiler Additionen der Ylide (1) und (3) angedeutet, auf die weiter unten näher eingegangen wird.

b) Die C=N-Bindung

Auch Kohlenstoff-Stickstoff-Doppelbindungen können von Dimethyloxosulfoniummethylid (1) attackiert werden (*13, 57, 71, 72*). Aus Benzalanilin und (1) z. B. entsteht ein Gemisch aus 34 % 1,2-Diphenylaziridin, 17 % Acetophenonanil (14) und 34 % eines Aminosulfoxyds (12) (*19, 71*).

Die postulierte Zwischenstufe (13) vermag die Bildung aller drei Produkte zu erklären (*57*). Das Aziridin entsteht demnach durch intramolekulare nucleophile Substitution von Dimethylsulfoxyd durch den

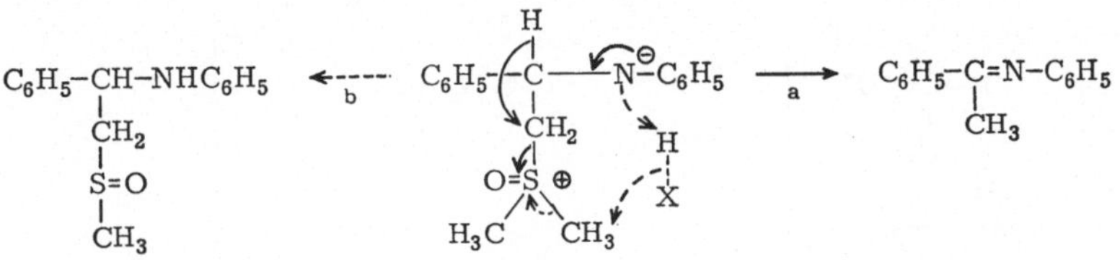

$C_6H_5-CH(CH_2-S(=O)-CH_3)-NHC_6H_5$ ⟵ b ⟵ $C_6H_5-CH(CH_2-S^{\oplus}(=O)(CH_3)_2)-N^{\ominus}-C_6H_5$ (+ H–X) ⟶ a ⟶ $C_6H_5-C(CH_3)=N-C_6H_5$

(12) (13) (14)

Amidstickstoff, (14) wird durch eine Hydridwanderung unter Austritt von Dimethylsulfoxyd gebildet (a) während (12) durch Aufnahme eines Protons und formelle Abgabe eines Methylkations (bei wäßriger Aufarbeitung wird Methanol gefunden) zu verstehen ist (b).

Die Umsetzung von Benzalanilin mit Dimethylsulfonium-methylid (3) ergibt dagegen 91 % 1,2-Diphenylaziridin (*13, 19, 27*).

Der Anwendungsbereich der Reaktion mit C=N-Bindungen scheint jedoch im Vergleich zur Epoxydbildung sowohl bei (1) als auch bei (3) eingeschränkt zu sein (*13, 27, 57, 71*). Benzaldehyd-phenylhydrazon wird z. B. durch (1) am Stickstoff methyliert, das dabei entstandene N-Methyl-benzaldehyd-phenylhydrazon erweist sich jedoch als resistent gegen weiteres (1) (*57, 70*).

Derartige Methylierungen schwach acider Verbindungen beobachtet man auch bei Oximen, Phenolen und Carbonsäuren (*57, 70*).

Offenbar wird in einer Säure-Basen-Reaktion ein Proton vom Substrat auf (1) übertragen und das entstandene nucleophile Zentrum durch das rückgebildete Trimethyloxosulfoniumsalz methyliert.

$$HA + H_2C{=}\overset{\overset{O}{\|}}{S}(CH_3)_2 \longrightarrow A^{\ominus} + (CH_3)_3\overset{\oplus}{S}O \longrightarrow ACH_3 + DMSO \qquad (D)$$

Als Beweis für dieses allgemeine Schema (D) läßt sich das Abfangen der Salze $A^{\ominus}$ unter milden Reaktionsbedingungen (*57, 70*) sowie die bereits früher beobachtete methylierende Wirkung der Salze (2) anführen (*64*).

c) Die C≡N-Bindung

Völlig anders verläuft die Reaktion zahlreicher Nitrile mit (1) in NaJ-haltiger Lösung. Man isoliert Salze, denen aufgrund ihres physikalischen und chemischen Verhaltens die Struktur (15) von β-Amino-vinyl-dimethyl-oxosulfoniumsalzen zukommt (*56, 57*).

$$\left[\begin{matrix} R{-}C{=}NH_2 \\ \| \\ CH \\ \| \\ S{=}O \\ H_3C\diagup\ \diagdown CH_3 \end{matrix}\right]^{\oplus} X^{\ominus} \qquad \left[\begin{matrix} C_6H_5{-}CN{=}N(CH_3)_2 \\ \| \\ CH \\ \| \\ S{=}O \\ H_3C\diagup\ \diagdown CH_3 \end{matrix}\right]^{\oplus} J^{\ominus}$$

(15) (16)

Offenbar läuft eine Protonenverschiebung von der CH_2-Gruppe zum Stickstoff der theoretisch möglichen Azirinbildung den Rang ab. Analoge Produkte, z.B. (16) sind aus (1) und „Vilsmeierkomplexen" zugänglich. Das NMR-Spektrum von (16) zeigt zwei deutlich getrennte N-Methyl-Signale und weist damit auf die in der Formel angedeutete Enamin/Sulfonium-Ammonium/Ylid-Resonanz hin (*56, 57*).

Bei der Umsetzung von (1) in Benzonitril als Lösungsmittel bildet sich neben (15) ein neuartiger Heterocyclus (17), der die Charakteristika eines Schwefelylids mit denen eines Heteroaromaten vereint (*57*). Die angedeutete Mesomerie

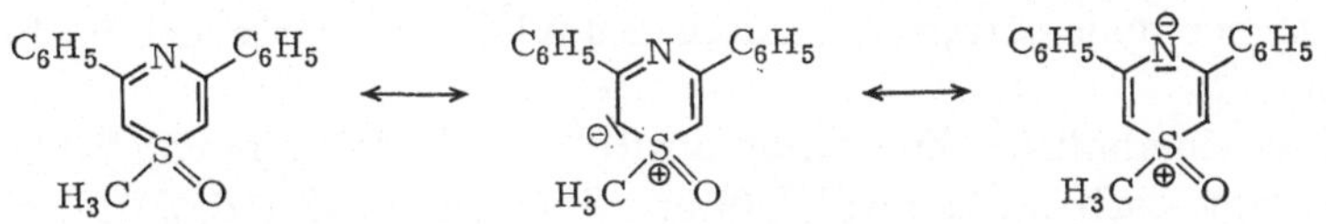

(17)

gibt sich in der hohen thermischen Stabilität und in dem großen δ-Wert von 6,30 ppm für das NMR-Signal der beiden Ringprotonen zu erkennen, dessen Lage auf einen Ringstrom schließen läßt.

Der Heterocyclus entsteht wahrscheinlich durch eine Folge von Additionen und Umylidierungen, von denen

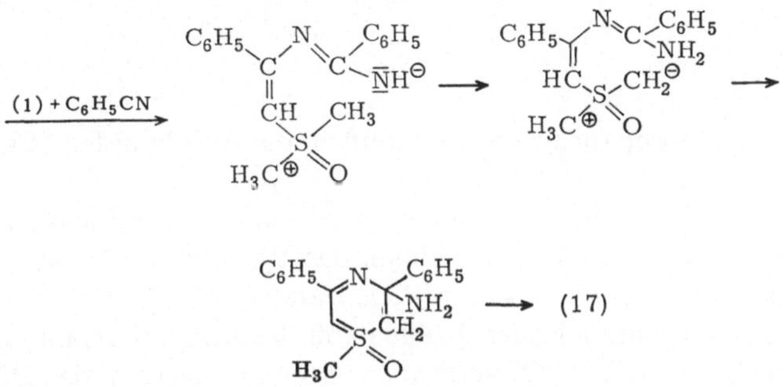

(1) + C_6H_5CN → ... → (17)

(E)

einige charakteristische im Schema (E) ausgeführt sind.

II. Reaktionen mit Kohlenstoff-Kohlenstoffmehrfachbindungen

Die nucleophile Reaktion von Dimethyloxosulfonium-methylid (1) gelingt leicht mit Systemen, die der Michaeladdition zugänglich sind.

a) α,β-ungesättigte Carbonylverbindungen

So erhält man aus Benzalacetophenon und (1) nicht das Epoxyd, sondern 1-Benzoyl-2phenyl-Cyclopropan (18) (*13, 16*), dessen Bildung über das Zwitterion (19) formuliert werden kann.

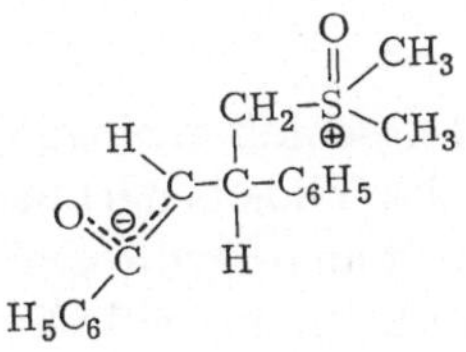

(19)

Auf das andersartige Verhalten des Ylids (3) wurde bereits hingewiesen.

Über ein ähnliches Zwitterion dürfte auch die Bildung von 2-Phenylcyclopropyl-carbonsäurenitril (20) aus Zimtsäurenitril (*56, 58*), des entsprechenden Esters aus Zimtsäureäthylester (*18*)

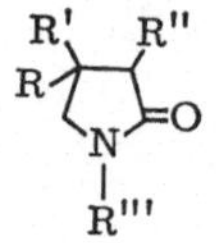

(21) 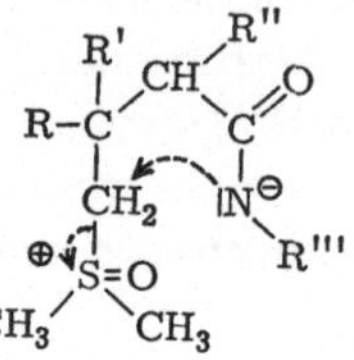 (22)

sowie von Cyclopropancarbonsäureamiden aus Acrylamiden (*58, 69*) ablaufen.

Auf dieser Zwischenstufe können jedoch auch Reaktionsverzweigungen eintreten. So wird in vielen Fällen das Pyrrolidon (21) zum Hauptprodukt aus Acrylamiden. Vermutlich wandert ein Proton vom Amidstickstoff zum carbanionischen Kohlenstoff des Zwitterions und der jetzt nucleophile Stickstoff in (22) verdrängt unter Cyclisierung das Dimethylsulfoxyd.

Die Bildung von größeren Ringen (mehr als 5 Ringglieder) wurde bisher nicht beobachtet. Sorbinsäureanilid bildet nicht das 7-Ring-Lactam (23) sondern die beiden Produkte (24) und (25) (*58*). Vermutlich ist die sterische Beanspruchung in dem zu (23) führenden Übergangszustand für dieses Ausweichen verantwortlich.

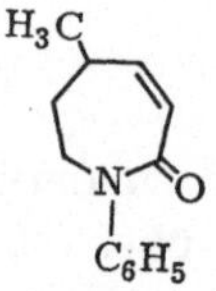

(23) 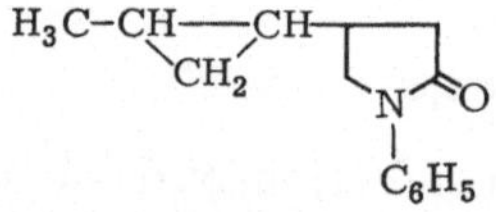 76% (24) 13% (25)

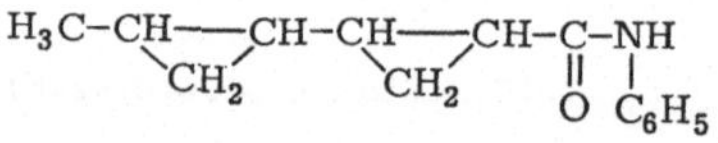

Eine dem Pyrrolidon-Ringschluß analoge Cyclisierung bei Anwesenheit eines zum Angriffsort des Ylids benachbarten schwach sauren Zentrums beobachtete man jüngst an o-Hydroxyaldehyden (*38*). So führt die Reaktion von Dimethyl-oxosulfoniummethylid (1) mit Salicylaldehyd in 68% Ausbeute zum Benzofuranderivat (26).

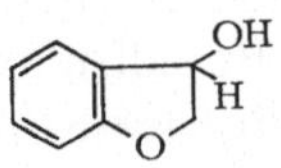

(26) 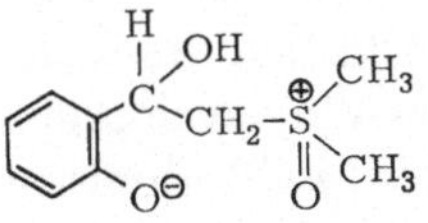 (27)

Eine zu (22) analoge Zwischenstufe (27) könnte den Reaktionsverlauf zwanglos erklären. Mit dem Dimethyl-sulfonium-methylid (3) wurde dagegen nur o-Methoxy-benzaldehyd erhalten.

An linear konjugierten Ketonen wird mit (1) sowohl Verbrückung der α,β-Bindung z. B. zu (28) (*13*) als auch der γ,δ-Bindung z. B. zu (29) (*25*) beobachtet.

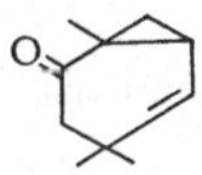

(28) 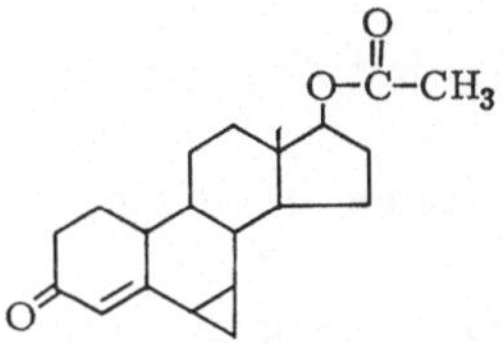 (29) 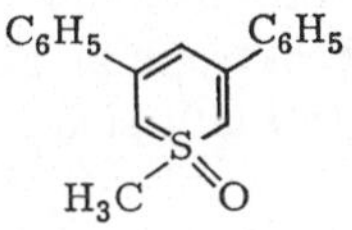 (31)

Eine interessante Folgereaktion tritt bei der Umsetzung von Dimethyl-oxosulfonium-methylid (1) mit Phenyläthinyl-phenylketon (30) (*40*) ein, die das zu (17) analoge stabile Ylid (31) ergibt. Über die Reaktion von (1) mit Acetylencarbonestern wird in anderem Zusammenhang weiter unten berichtet (vgl. B I).

b) α, β-ungesättigte Sulfone

Unter stereoselektivem Ringschluß zu Cyclopropylsulfonen (z. B. (32)) verläuft die Reaktion von Vinylsulfonen mit den Methyliden (1) oder (3) (*96*).

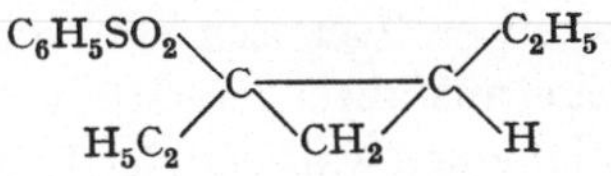

(32)

c) Elektronenreiche Doppelbindungen

Die Aktivierung der Doppelbindung durch zwei Benzolkerne reicht gerade noch aus, um die Anlagerung von (3) an 1,1-Diphenyläthylen zu ermöglichen. Man erhält 1,1-Diphenylcyclopropan (*13*). Dagegen schlugen Versuche zur Addition des reaktionsträgeren (1) fehl (*13*).

Die Bildung von Vinylcyclopropan aus Butadien und (3) erklären die Autoren (*53*) über ein zwitterionisches Additionsprodukt, in dem die negative Ladung durch Allylresonanz stabilisiert wird.

Die Frage nach der Beteiligung von Carben-Zwischenstufen an den Cyclisierungsreaktionen mit (1) wird durch die Reaktionsträgheit elektronenreicher Doppelbindungssysteme negativ beantwortet. So erweisen sich Cyclohexen, Diphenylacetylen, Butadien, 1-Piperidino-cyclohexen-(1), Vinyl-cyclohexyl-äther und N-Vinylpiperidon gegenüber dem Ylid als inert (*58, 70*).

d) Aromaten

Die Reaktionsfähigkeit von (1) mit Aromaten hängt ebenfalls stark von deren Elektrophilie ab.

Benzol läßt sich zwar zu Toluol alkylieren, doch ist dazu die Gegenwart von Kupfer-(I)-Salzen erforderlich (*58, 70*). Ob hierbei eine katalytische Zersetzung zu Methylen bzw. seinem Kupferkomplex auftritt (vgl. die Cu^{+}-katalysierte Zersetzung von Diazomethan (*74, 102*)) erscheint fraglich, da sich keine Anhaltspunkte für die Bildung von Tropyliden fanden.

Anthracen reagiert bereits ohne Katalysator mit (1), allerdings erst bei erhöhter Temperatur. Das gebildete 9-Methyl-anthracen erweist sich spektroskopisch als frei von 9,10-Methano-9,10-dihydroanthracen (33) (*58, 70*).

Die Isomerenverteilung der Produkte aus (3) und Acenaphthylen (bevorzugt 3-, sehr wenig 5-Methylierung) bzw. Fluoranthen (bevorzugt 1-, wenig 3-Methylierung), sowie die Lösungsmittelabhängigkeit der Reaktionen deuten auf einen nucleophilen Substitutionsmechanismus (*95*).

Das in unpolaren Lösungsmitteln in Spuren auftretende Cyclopropan (34) könnte dagegen auch auf Methylenbildung zurückzuführen sein.

Die Umsetzung von (1) mit Nitrobenzol verläuft exotherm. Bei teilweiser Verharzung entsteht ein Gemisch von vorwiegend o- und wenig p-Nitrotoluol (*58, 70*). Eine ausführlichere Studie (*92*) zeigt das Auftreten von Nitrobenzol-Radikalanionen während der Reaktion sowie deren Verallgemeinerung auf andere Nitroaromaten. Die bevorzugte Methylierung in o-Stellung zur Nitrogruppe, selbst dann, wenn diese sterisch gehindert ist, könnte von präparativem Interesse sein und wird vermutlich durch "built in solvation" verursacht.

Trotz des Auftretens der Radikalanionen bietet sich die nucleophile Substitution über eine Zwischenstufe (35) als einfachste Erklärung an, da sie das

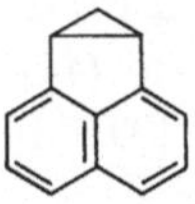

(34) 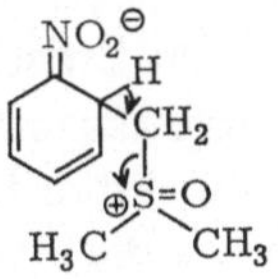 (35) 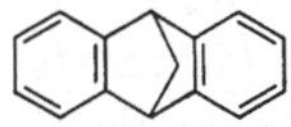 (33) 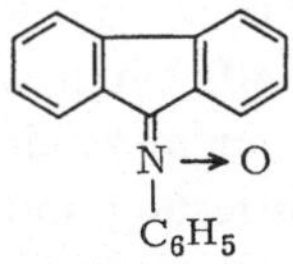 (36)

energetisch ungünstige Auftreten von Hydridionen vermeidet.

Nitrosobenzol reagiert ebenfalls stark exotherm; aus dem Produktgemisch läßt sich Anilin, Nitrobenzol und Azobenzol isolieren (*58, 70*). Aus 9-Dimethyl-sulfonium-fluorenylid und Nitrosobenzol entsteht dagegen das N-Phenyl-fluorenon-nitron (36) in 96 % Ausbeute (*48*).

e) 1,3-Dipole

Beim Versuch, Vierringe (*98*) aus Dimethyl-oxosulfonium methylid (1) und 1,3-dipolaren (*43*) Agenzien nach dem Schema (F) zu erhalten, entstanden komplexe Gemische,

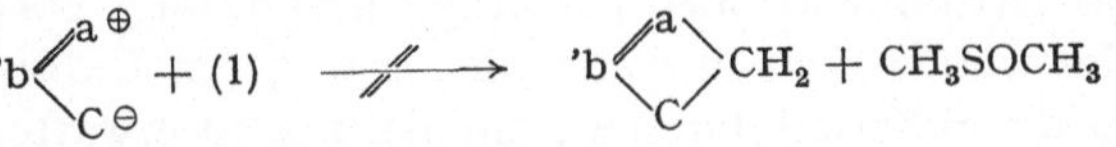

(F)

deren Produkte die Beteiligung von mehreren Molen (1) und/oder 1,3-Dipol erkennen lassen.

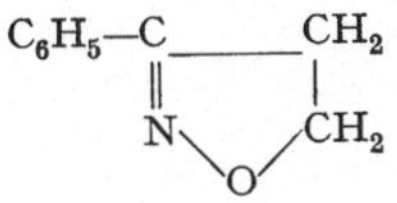

(37) 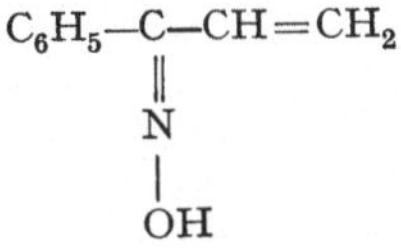 (38) 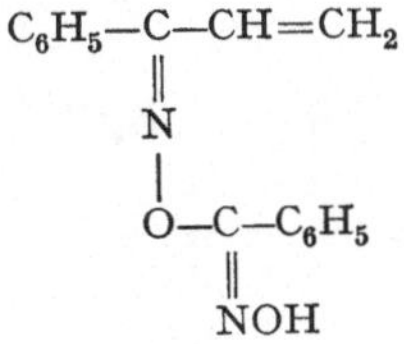 (39)

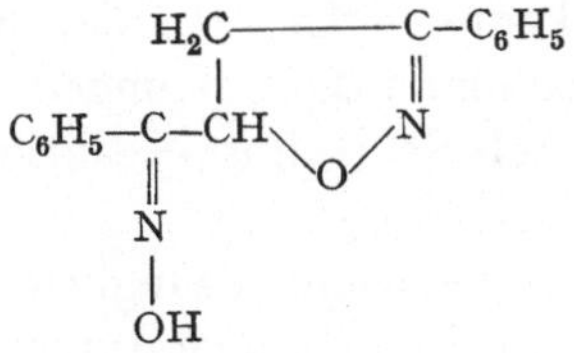

(40) 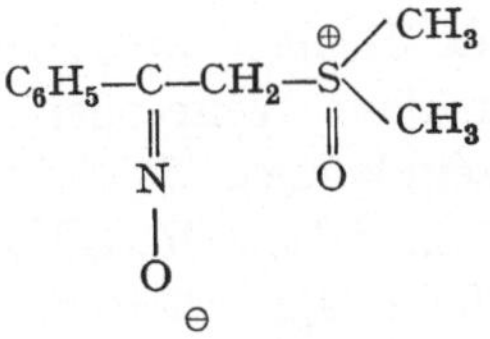 (41)

Die aus der Reaktion von (1) und Benzonitriloxyd isolierten Produkte (37—40) leiten sich alle von der hypothetischen Zwischenstufe (41) ab. Mit einem zweiten Mol (1) entsteht 3-Phenyl-oxazolin-1,2 (37) durch Cyclisierung und Phenyl-vinylketon-oxim (38) durch Eliminierung. Aus (38) gehen durch Addition weiteren Nitriloxyds die Oxime (39) und (40) hervor.

III. Reaktionen mit Alkylierungsmitteln

Die S-Alkylierung von Dimethylsulfoxyd gelingt überraschend nur mit Methyljodid. Zahlreiche Versuche mit anderen Alkylierungsmitteln führen stets zu Reaktionsprodukten, die man über eine Alkylierung am Sauerstoff deuten muß (*59, 64*). Auch die Methylierung von Dibenzylsulfoxyd mit Methyljodid gelingt nicht (*59*).

Ein weiterer Zugang zu Oxosulfonium-salzen wurde daher in der Alkylierung von (1) gesucht (*58*). Mit Benzylchlorid entstehen dabei thermolabile Salze, die durch doppelte Benzylierung entstanden sind, sowie Sulfoxyde, die einer doppelten bzw. dreifachen Benzylierung entsprechen. Mit Äthyljodid oder Dimethylsulfat erfolgt ebenfalls rasche Reaktion. Es werden jedoch weder die erwarteten Oxosulfoniumsalze noch die bei deren Zerfall durch β-Eliminierung zu erwartenden Olefine gefunden (Schema G).

$$(H_3C)_2\overset{\oplus}{S}(=O)-CH_2-CHR_2 \xrightarrow{B} \text{DMSO} + H_2C{=}CR_2 \qquad \text{(G)}$$

Das Auftreten der oben erwähnten alkylierten Sulfoxyde läßt einen komplexeren Verlauf der Reaktion zu offenbar sterisch stark beengten Oxo-Sulfoniumsalzen vermuten, die einen Methylrest auf das Lösungsmittel Dimethyl-sulfoxyd übertragen könnten. In allen Fällen werden wechselnde Mengen an Trimethyloxosulfoniumsalz gefunden, die entweder auf diese Weise oder aus (1) durch Säure-Base-Reaktionen entstanden sein können (*58*).

Sulfoniumsalze $R_1R_2R_3S^+X^-$ sind dagegen leicht zugänglich. Die Darstellung der entspr. Ylide erfordert aber niedrige Temperaturen (−70 bis −50° C) und starke, sterisch anspruchsvolle Basen wie t-Butyl-lithium oder Lithiumdiäthylamid (*17, 30, 42, 49*),

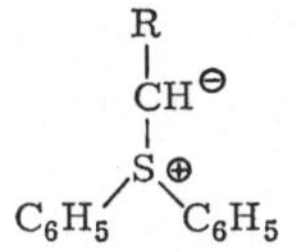

(42) a) R = C_6H_5 b) R = CH_3

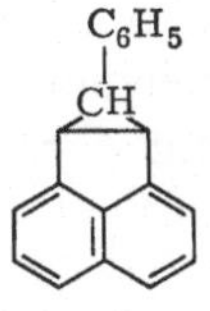

(43)

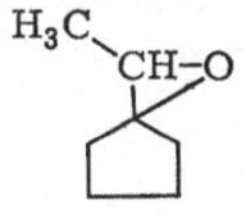

(44)

da sonst sofortige Zersetzung eintritt. Als Ursache dafür wird eine Alkylierung des Ylids durch das Sulfoniumsalz und anschließende Hofmann-Eliminierung diskutiert. An Produkten werden Thioäther und das zu erwartende Olefin gefunden. Die Bildung von Styrol aus Benzylchlorid und Alkylsulfonium-methyliden läßt sich als Stütze dieses Vorschlags anführen. Da alle typischen Carbenreaktionen in derartigen zerfallenden Ylidlösungen ausbleiben, lassen sich freie Carbene als Zwischenstufen mit einiger Sicherheit ausschließen (*27, 28*).

Die Bildung von Ylid-*Gemischen* ist immer dann zu erwarten, wenn Alkyl-sulfoniumsalze $R_1R_2R_3S^+$ mit mindestens zwei verschiedenen Alkylresten vergleichbarer α-Wasserstoff-Acidität als Ausgangsmaterial dienen.

Über die Reaktionsfähigkeit der höheren Alkylsulfonium-ylide liegen nur wenige Untersuchungen vor.

Das aus (42a) und Acenaphthylen in 43 % gewonnene (43) (*49*) wird von den Autoren als Produkt des freien Phenylcarbens aufgefaßt. Ein Additions-Eliminierungs-Mechanismus über Zwitterionen analog (19) läßt sich jedoch auf Grund der experimentellen Daten nicht ausschließen.

Die Umsetzung mit Ketonen verläuft meist bereits bei den wegen der Instabilität der Ylide notwendigen tiefen Temperaturen. So gewinnt man z.B. das Oxiran (44) aus Cyclopentanon und (42b) in 80 % Ausbeute. Sterisch gehinderte Ketone weichen aber offenbar der Oxiranbildung aus (*17*).

Der erhöhte Raumbedarf der höher subst. Sulfonium-ylide dokumentiert sich auch in der Stereospezifität der Reaktion von (42a) mit Benzaldehyd, die reines *trans*-Stilbenoxyd ergibt (*42*).

B. Acyl-stabilisierte Schwefel-ylide

I. Darstellung

Beim Versuch, Isocyanate mit (1) zu den α-Lactamen (45) zu verbrücken, entstanden in meist ausgezeichneten Ausbeuten die ungewöhnlich stabilen Carbamoyl-oxosulfurane (46) und — bei Anwendung überschüssigen

Isocyanats — die Bis-carbamoyl-oxosulfurane (47) (*55, 68*). (Die ursprünglich vorgeschlagene Bezeichnung „Sulfurylen" wurde zugunsten einer einheitlichen Nomenklatur durch „Sulfuran" oder „Sulfoniumylid" ersetzt.)

$$\begin{array}{c} \mathrm{O} \\ \| \\ \mathrm{RNHC{-}CH} \\ \| \\ \mathrm{S{=}O} \\ \mathrm{H_3C} \diagup \quad \diagdown \mathrm{CH_3} \end{array} \qquad\qquad \begin{array}{c} \mathrm{O} \quad\quad \mathrm{O} \\ \| \quad\quad \| \\ \mathrm{RNHC{-}C{-}C{-}NHR'} \\ \| \\ \mathrm{S{=}O} \\ \mathrm{H_3C} \diagup \quad \diagdown \mathrm{CH_3} \end{array}$$

(46) (47)

z.B. R,R' = C_6H_5, $ClCH_2{-}CH_2{-}$, $C_6H_5{-}CH_2{-}CH_2{-}$, t-Butyl.

Diese neuartige Verbindungsklasse zeichnet sich durch ungewöhnliche thermische Stabilität (Fp bis über 200° C) sowie Unempfindlichkeit gegen Sauerstoff und hydroxylhaltige Lösungsmittel aus. So lassen sich die Verbindungen z.B. aus siedendem Wasser umkristallisieren. Daß es sich trotzdem um echte S-Ylide handelt, beweisen die physikalischen Daten und die weiter unten zu besprechenden Reaktionen. Die ungewöhnlich langwellige Carbonylbande weist auf die mesomere Übernahme der negativen Ladung durch den Carbonylsauerstoff im Sinne z.B. der Grenzstrukturen (47c) und (47d) hin (*55, 68*).

$$\begin{array}{c} \mathrm{O} \quad\;\; \mathrm{O} \\ \| \;\ominus\; \| \\ \mathrm{R{-}NH{-}C{-}C{-}C{-}NHR'} \\ | \\ \mathrm{O{=}S}^{\oplus} \\ \mathrm{H_3C} \diagup \quad \diagdown \mathrm{CH_3} \end{array} \longleftrightarrow \begin{array}{c} ^{\ominus}\mathrm{O} \quad\;\; \mathrm{O} \\ | \quad\quad \| \\ \mathrm{RNH{-}C{=}C{-}C{-}NH{-}R'} \\ | \\ \mathrm{O{=}S}^{\oplus} \\ \mathrm{H_3C} \diagup \quad \diagdown \mathrm{CH_3} \end{array} \longleftrightarrow \begin{array}{c} \mathrm{O} \quad\;\; \mathrm{O}^{\ominus} \\ \| \quad\quad | \\ \mathrm{RNH{-}C{-}C{=}CNHR'} \\ | \\ ^{\oplus}\mathrm{S{=}O} \\ \mathrm{H_3C} \diagup \quad \diagdown \mathrm{CH_3} \end{array}$$

(47b) (47c) (47d)

Das Kernresonanzspektrum zeigt die beiden Methylgruppen am Schwefel als charakteristisches 6-Protonen-Singlett. Typ (46) weist daneben ein Singlett für den Wasserstoff am Ylidkohlenstoff auf (*55, 68*).

Die Monocarbamoyl-ylide (46) besitzen pK-Base-Werte um 6 und können in verdünnten Säuren gelöst und mit Alkali, z.B. wäßriger Natronlauge, wieder in Freiheit gesetzt werden. Dagegen senkt die mesomere Beteiligung von zwei Carbonylgruppen in Verbindungen (47) die Basizität auf pK-Werte um 12. Entsprechend hydrolysieren ihre Salze in hydroxylhaltigen Lösungsmitteln sofort wieder (*55, 68*).

Einen zusätzlichen chemischen Strukturbeweis erbringt die Entschwefelung der Produkte zu den entsprechenden N-substituierten Acetamiden (aus 46) bzw. N,N'disubstituierten Malondiamiden (aus 47), die mit fast quantitativer Ausbeute verläuft (*55, 68*).

Die Bildung der stabilen Ylide (46) und (47) läßt sich durch den im Schema (H) angegebenen Mechanismus beschreiben.

$$\overset{\ominus}{C}H_2\text{–}\overset{\oplus}{S}(=O)(CH_3)_2 \xrightarrow{+RNCO} R\text{–}\overset{\ominus}{N}\text{–}C(=O)\text{–}CH_2\text{–}\overset{\oplus}{S}(=O)(CH_3)_2 \longrightarrow (46)$$

$$(46) + R'NCO \longrightarrow RNHC(=O)\text{–}C(H)(\text{–}C(=O)\text{–}\overset{\ominus}{N}R')\text{–}\overset{\oplus}{S}(=O)(CH_3)_2 \longrightarrow (47) \qquad (H)$$

Analog den Isocyanaten reagieren auch andere Acylierungsmittel (*20, 54, 55*) mit (1). Aus Diphenylketen entsteht z.B. (48) (*54, 55*), aus Säurechloriden (*20, 54, 55*)

$$\underset{(48)}{(C_6H_5)_2\text{–}CH\text{–}C(=O)\text{–}CH{=}S(=O)(CH_3)_2} \qquad \underset{(49)}{R\text{–}C(=O)\text{–}CH{=}S(=O)(CH_3)_2} \qquad \underset{(50)}{R\text{–}C(=O)\text{–}C(=S(=O)(CH_3)_2)\text{–}C(=O)\text{–}R'} \qquad \underset{(51)}{R\text{–}C(=O)\text{–}CH(\text{–}\overset{\oplus}{S}(=O)(CH_3)_2)\text{–}C(=O)\text{–}R'\;X^{\ominus}}$$

oder Anhydriden (*54, 55*) bilden sich Verbindungen der Struktur (49) (*20, 54, 55*) und (50) (*54, 55*). Setzt man der Reaktion keine weitere Base zu, so entzieht das jeweils stärkere basische Ylid (1) bzw. (46) und (49) dem intermediär gebildeten Sulfoniumsalz (51) das stark acide α-Proton.

Einfach acylierte Ylide (49) werden auch durch Einwirkung der *Phenyl*-ester α,β-ungesättigter Carbonsäuren erhalten (*20*), während deren Äthylester über Michaeladdition, Umylidierung und Cyclisierung die Acyl-oxosulfonium-ylide der Struktur (52) bilden (*20*).

$$\underset{n = 1,2}{(CH_2)_n\text{-Cycloalkenyl–}COOC_2H_5} \xrightarrow{+(1)} \underset{(53)}{(CH_2)_n\text{-Ring}(\text{–}C(=O)OC_2H_5)(\text{–}CH_2\text{–}\overset{\oplus}{S}(=O)(CH_3)\text{–}\overset{\ominus}{C}H_2)} \longrightarrow \underset{(52)}{(CH_2)_n\text{-bicyclisches Keton mit } C{=}S(=O)CH_3\text{, }CH_2} \qquad (I)$$

Das entscheidende Zwischenprodukt (53) ist in Schema (I) angegeben.

Einige vinyloge Acyl-oxosulfoniumylide, z.B. (54) lassen sich aus Phenylpropiolsäureäthylester (*44, 52*) sowie kernsubstituierten Derivaten (*44*) und (1) gewinnen. Die Produkte aus anderen aktivierten Acetylenen, z.B. Acetylendicarbonester, Benzoylacetylen etc. wurden wegen ihrer Instabilität nicht charakterisiert (44).

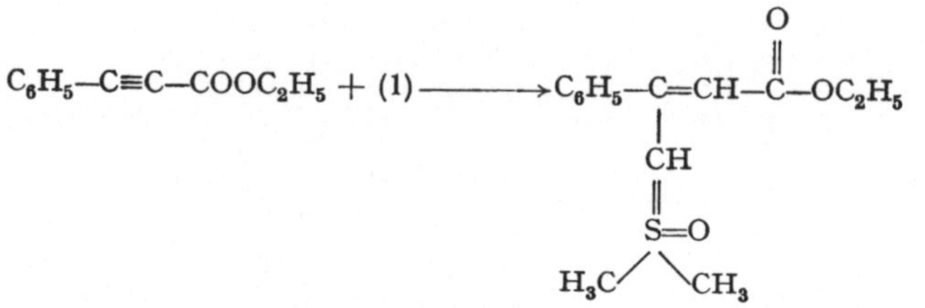

$$C_6H_5{-}C{\equiv}C{-}COOC_2H_5 + (1) \longrightarrow C_6H_5{-}C(=CH{-}S(=O)(CH_3)_2){=}CH{-}C(=O){-}OC_2H_5 \qquad (J)$$

(54)

Auf die Bildung des heterocyclischen Ylids (31) aus Phenyläthinylphenylketon (40) wurde bereits hingewiesen.

Die bei den Carbamoyl-oxosulfoniumyliden erarbeiteten physikalischen Charakteristika (*55, 68*), vor allem die typischen Signale im Kernresonanzspektrum, die langwellig verschobene Carbonylbande und die pK-Werte, bewährten sich in allen Fällen als Strukturbeweis. Die UV-Spektren sind naturgemäß stärker vom Acylsubstituenten abhängig; die Hauptmaxima liegen im Bereich von etwa 230—290 mμ mit Extinktionen um 10000—20000 (*20, 55*).

Während acylierte *Oxo*sulfonium-ylide erst durch das Agens (1) zugänglich wurden, da bisher keine unabhängige Synthese für Acyl-oxosulfoniumsalze bekannt ist, finden sich vereinzelte Vertreter durch Carbonylgruppen stabilisierter Sulfoniumylide bereits in der älteren Literatur.

So erhielten *Zincke* und *Glahn* (*105, 106*) bereits 1907 „Thioniumchinone", denen sie die Struktur (55) zuordneten und die reversible Salzbildung mit starken Säuren sowie Fehlen des „Chinoncharakters" zeigen.

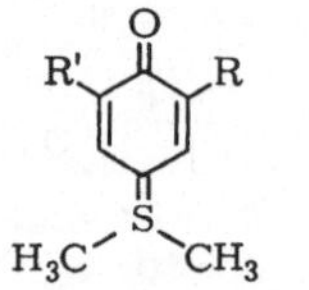

R = Br, CH_3, NO_2
R' = Br, NO_2

(55)

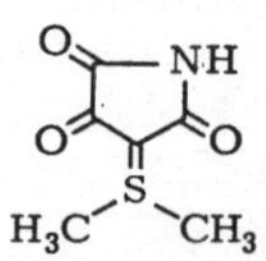

(56)

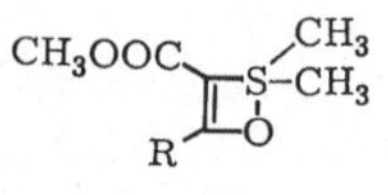

CH_3OOC, $S{-}CH_3$, CH_3, O, R

a) R = $COOCH_3$
b) R = H

(57)

$H_3CO{-}C(=O){-}C(=S(CH_3)_2){-}C(=O){-}R$

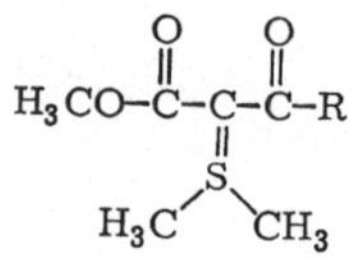

a) R = $COOCH_3$
b) R = H

(58)

Aus Oxalester, Natriumäthylat und Carbamoylmethyl-dimethylsulfonium-jodid entsteht das von zwei Acylresten flankierte Ylid (56) (*41*).

Einige Zufallsbeobachtungen und der konsequente Ausbau der älteren Einzelergebnisse erschlossen im Laufe der letzten beiden Jahre mehrere Wege zu acylierten Sulfoniumyliden.

Acetylendicarbonester und Dimethylsulfoxyd reagieren in recht eigenartiger Weise — vielleicht über eine nicht gefaßte Vierringzwischenstufe (57) — zum Ylid (58a) (*104*). Mit Propiolsäureester läßt sich neben Formyl-carbomethoxy-dimethylsulfonium-methylid (58b) auch das Ylid (59b) in größerer Ausbeute fassen, das vermutlich über den 6-Ring (59c) entsteht.

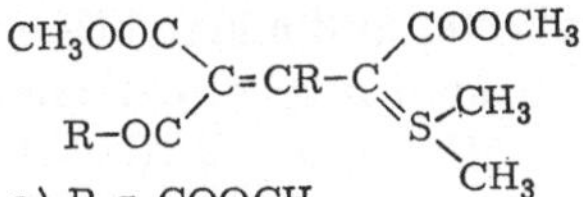

a) R = $COOCH_3$
b) R = H

(59) (59c) (60)

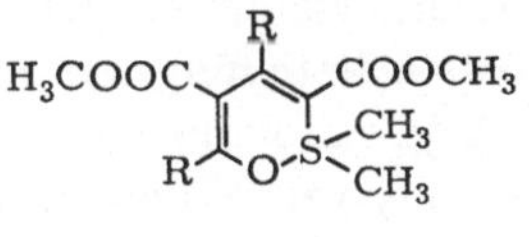

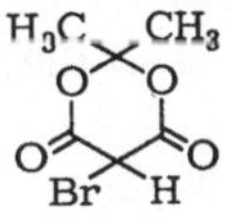

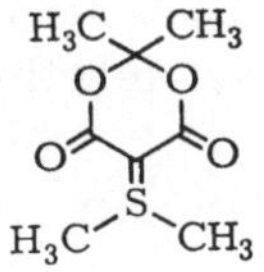

(61) 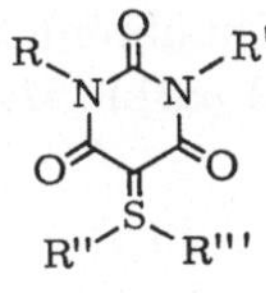 (62)

Beim Versuch, Brommeldrumsäure (60) nach der Kornblum-Methode mit Dimethylsulfoxyd zu oxydieren, entstand das Ylid (61) (*35*). Die Methode läßt sich auf die Bromverbindungen anderer 1,3-Dicarbonyl-Verbindungen z.B. Brombarbitursäure (Ylid 62) ausdehnen, liefert jedoch nur mäßige Ausbeuten. Bessere Ausbeuten erhält man teilweise, wenn Sulfoxyde in Gegenwart von Carbodiimiden und Säure, von Acetanhydrid, von Phosphorpentoxyd oder HCl mit stark CH-aciden Verbindungen umgesetzt werden, wie von verschiedenen Arbeitskreisen (*31*, *36*, *37*-*75*) berichtet wird. Die Reaktion verläuft vermutlich über Zwischenstufen, wie sie für die Dimethylsulfoxyd-Oxydation von Alkoholen beschrieben werden (*1*, *79*, *81*).

Ein Beispiel ist im Schema (K) erläutert.

$$\begin{array}{c}(H_3C)_2S{=}O \xrightarrow{\text{Acetanhydrid}} (H_3C)_2\overset{\oplus}{S}{-}O{-}\overset{O}{\overset{\|}{C}}{-}CH_3 \;\; CH_3COO^{\ominus} \xrightarrow[-H^{\oplus}]{H_2C(COCH_3)_2} \\ (H_3C)_2\overset{\oplus}{S}{-}CH(C(=O){-}CH_3)_2 \xrightarrow{-H^{\oplus}} (H_3C)_2S{=}C(C(=O){-}CH_3)_2\end{array} \quad (K)$$

Dieser Syntheseweg scheitert, wenn das Sulfoxyd zu wenig nucleophil (z.B. Diphenylsulfoxyd) (*76*) ist oder die Carbonylverbindung eine gewisse CH-Acidität unterschreitet (z.B. Malonester) (*36*).

Die allgemeinste Darstellungsmethode acylierter Sulfoniumylide geht jedoch von den Acyl-sulfoniumsalzen aus, die man z.B. direkt aus α-halogenierten Carbonylverbindungen und Thioäthern, aus α-Acyl-thioäthern durch S-Alkylierung sowie aus Chlordimethylsulfonium-hexachlorantimonat und CH-aciden Carbonylverbindungen erhält (*67*).

Bei Einwirkung von tertiären Aminen, Alkoholat oder Natronlauge auf Phenylacyl-sulfoniumbromide entstehen die Benzoyl-sulfonium-methylide (63a) (*76*) und (63b) (*51, 94*). Acyl-dimethylsulfonium-methylide

$$C_6H_5{-}\overset{O}{\overset{\|}{C}}{-}C(H){=}S(CH_3)(R) \quad (63) \qquad (H_3C)_2S{=}CH{-}COR \quad (64) \qquad R''{-}\overset{O}{\overset{\|}{C}}{-}C({=}SRR'){-}\overset{O}{\overset{\|}{C}}{-}R''' \quad (65)$$

(63) a) $R = C_6H_5$; b) $R = CH_3$

(64) a) $R = OCH_3$; b) $R = OC_2H_5$; c) $R = N(C_2H_5)_2$; d) $R = CH_3$

(65) $R+R' = -(CH_2)_4-$; $R, R' = CH_3, C_2H_5, C_6H_5$; $R'', R''' = -NHR, -OR, -\text{Alkyl}, -\text{Aryl}$

des Typs (64) werden *in situ* mit Natriumhydrid (*89*) oder in Substanz durch Einwirkung von Natriummethylat in Methanol dargestellt (*59*).

Auch die Einwirkung von Silberoxyd auf die Sulfoniumsalze führt zu Yliden vom Typ (63) und (64) (*84*).

Durch Einwirkung von Acylierungsmitteln und Basen auf Monoacylsulfonium-ylide entstehen zahlreiche Bis-acyl-Ylide (65) in meist sehr guter Ausbeute (*51, 59*).

Die α-Acyl-dialkylsulfoniumylide unterscheiden sich in ihren physikalischen Eigenschaften nur wenig von den Oxosulfoniumyliden; typische Kernresonanzsignale und die durch Konjugation langwellig verschobene Carbonylbande kennzeichnen sie ebenso wie die beachtliche thermische Stabilität. Auch die UV-Spektren zeigen große Ähnlichkeit.

II. Reaktionen

a) Basizität

Wie bereits ausgeführt wurde, bedingt der mesomere Effekt der benachbarten Carbonylgruppen einen deutlichen Basizitätsabfall der α-Acyl-Schwefelylide gegenüber den Yliden (1) und (3), der bei Einführung eines weiteren Acylrestes so ausgeprägt erscheint, daß Salzbildung nur mit sehr starken Säuren auftritt (*55, 68, 75, 105, 106*). In ähnlichem Maße sinkt auch die Nucleophilie der acylierten Ylide.

b) Acylierung

Bis-acyl-Schwefelylide entstehen sehr leicht bei der Einwirkung von Isocyanaten (*55, 59, 68*) und Säureanhydriden (*51, 54, 55*) auf die Ylide (46), (49), (63) und (64). Während bei den Oxosulfoniumyliden (46) und (49) auch der zweite Acylierungsschritt mit Säurechloriden gelingt (*54, 55*), werden die Sulfoniumylide (58), (63) und (64) durch Benzoylchlorid am Sauerstoff der Carbonylgruppe acyliert (*51, 104*). Die entstehenden Sulfoniumsalze (66) und (67) stabilisieren sich

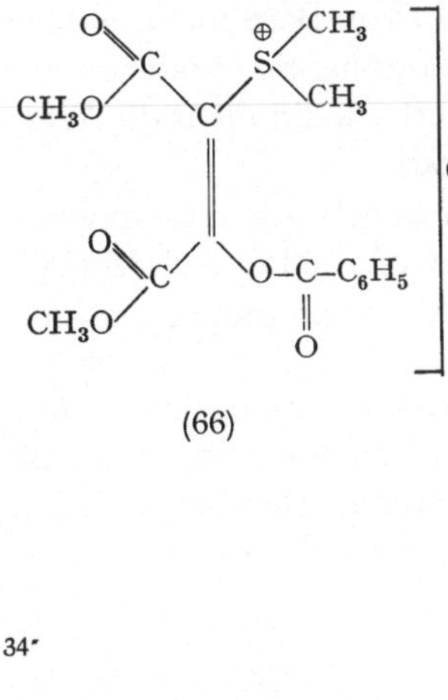

(66) 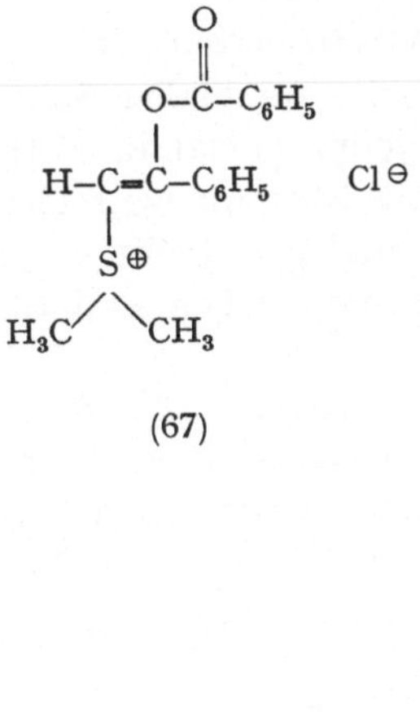 (67) 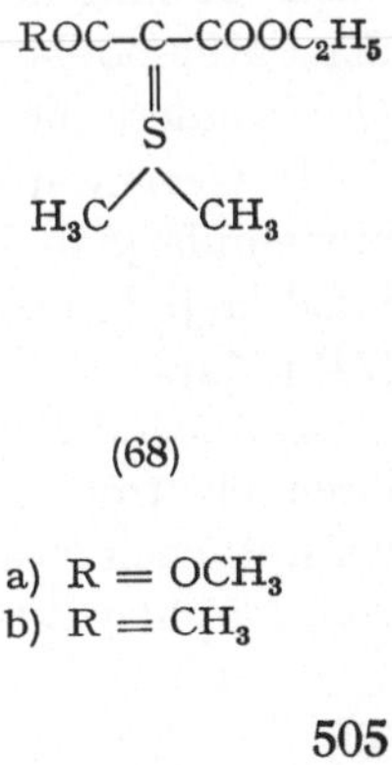 (68)

a) R = OCH_3
b) R = CH_3

durch Abgabe einer Methylgruppe vom Schwefel. Dagegen gelingt es glatt, das Carboäthoxy-dimethylsulfonium-methylid (64b) mit Acetylchlorid bzw. Chlorameisensäure-methylester in die C-acylierten Produkte (68a) bzw. (68b) umzuwandeln (*60*).

Das aus Kohlendioxyd und (64a) entstehende kristalline Zwitterion (69) verliert beim Stehen, vor allem im Vakuum

H
O=C(OCH₃)–C(H)(COO⊖)–S⊕(CH₃)₂

(69)

O=C(NHR)–C(CH₃)=S(=O)(CH₃)₂

(70)

wieder CO_2 und kehrt zum Ausgangsylid zurück (*60*).

Bei der ausgeprägten Resonanzstabilisierung von doppelt acylierten Schwefelyliden erscheint es verständlich, daß Folgereaktionen mit weiterem Acylierungsmittel nicht beobachtet werden.

c) Oxydationsversuche

α-Acylsulfoniumylide verhalten sich gegenüber *Sauerstoff* reaktionsträge. So verändert sich Ylid (64a) beim mehrstündigen Durchleiten von reinem Sauerstoff bei 50° C nicht nachweisbar (*60*).

Auch die Einwirkung von H_2O_2 auf das Ylid (46, R = C_6H_5) (*60*) verläuft ohne Oxydation.

d) Alkylierung

Die Einwirkung von *Alkylierungsmitteln* auf Acylsulfurane verläuft in den bisher bekannten Fällen auch in Gegenwart von Base nicht einfach unter Bildung der substituierten Alkyl-acyl-sulfurane. So entstehen aus den Carbamoyl-oxosulfoniumyliden (46) und Methyljodid nicht die Ylide (70), sondern die α-Jodpropionamide (71) (*55, 60*).

In Gegenwart von Natronlauge bilden sich daneben α-Hydroxypropionamide (*55*). In analoger Reaktion entsteht aus (63a) und Methyljodid α-Jodpropiophenon neben α-Methylmercapto-propiophenon und (74) (*84a*).

α,β-ungesättigte Carbonester, Nitrile oder Ketone vermögen sich mit ihrem elektrophilen Kohlenstoff am Ylidzentrum zu addieren. Über die vermutlichen Reaktionsschritte einer Um-ylidierung, erneuten Addition von Acrylderivat und Austritt von Dimethylsulfoxyd bzw. Thioäther

$$C_6H_5NH{-}\overset{\overset{\displaystyle O}{\|}}{C}{-}\underset{\underset{\displaystyle OCH_3}{|}}{C}\begin{matrix}\diagup CH_2{-}CH_2{-}CN \\ \diagdown CH_2{-}CH_2CN\end{matrix} \qquad (72)$$

$$CH_3OOC{-}C\begin{matrix}\diagup\!\!\diagup CH{-}CH_2{-}COOCH_3 \\ \diagdown CH_2{-}CH_2{-}COOCH_3\end{matrix} \qquad (73)$$

entstehen im Falle der Ester und Nitrile z.B. Verbindungen der Struktur (72) bzw. (73). Der Reaktionsverlauf läßt sich am Beispiel des Schemas (L) verdeutlichen (*55, 60*).

$$(46) + \xrightarrow{CH_2{=}CH{-}CN} RNH\overset{O}{\overset{\|}{C}}{-}\overset{H}{\underset{\oplus S(=O)(CH_3)_2}{C}}{-}CH_2{-}\overset{\ominus}{C}H{-}CN \longrightarrow RNH\overset{O}{\overset{\|}{C}}{-}\underset{S(=O)(CH_3)_2}{\underset{\|}{C}}{-}CH_2{-}CH_2{-}CN$$

$R = C_6H_5$

$$\xrightarrow{CH_2{=}CH{-}CN} RNH\overset{O}{\overset{\|}{C}}{-}\overset{CH_2{-}\overset{\ominus}{C}H{-}CN}{\underset{\oplus S(=O)(CH_3)_2}{C}}{-}CH_2{-}CH_2{-}CN \xrightarrow{+CH_3OH} (72) + CH_3{-}\underset{\underset{O}{\|}}{S}{-}CH_3 \qquad (L)$$

Einen anderen Reaktionsabschluß findet die Umsetzung von (63a) mit Dibenzoyläthylen, die 1,2,3-Tribenzoyl-cyclopropan (74) ergibt (*51, 94*). Der Reaktionsverlauf nach Schema (M) wurde bereits für die Umsetzung von Phenacyl-dimethylsulfoniumbromid mit Natronlauge (*62*) sowie für die Reaktion von (63a) und (63b) mit Phenacylbromid bzw. den Hydrobromiden von (63a) und (63b) postuliert (*51, 76*).

$$C_6H_5{-}\overset{O}{\overset{\|}{C}}{-}\underset{\underset{S(CH_3)R}{\|}}{CH} + C_6H_5{-}\overset{O}{\overset{\|}{C}}{-}CH_2{-}X \longrightarrow C_6H_5{-}CO{-}CH_2{-}CH(\overset{\oplus}{S}(CH_3)R){-}CO{-}C_6H_5 \;\; X^{\ominus} \longrightarrow C_6H_5{-}CO{-}CH{=}CH{-}CO{-}C_6H_5 \qquad (M)$$

$$\xrightarrow[(63\,a,\,b)]{} C_6H_5{-}\overset{O}{\overset{\|}{C}}{-}CH{-}\overset{\ominus}{C}H{-}\overset{O}{\overset{\|}{C}}{-}C_6H_5 \;\big|\; C_6H_5{-}\underset{\underset{O}{\|}}{C}{-}CH{-}\overset{\oplus}{S}(CH_3)R \longrightarrow \text{1,2,3-}(COC_6H_5)_3\text{-cyclopropan} \qquad (74)$$

e) Entschwefelung

Auf die Entschwefelung der Acylsulfurane mit Raney-Nickel und Wasserstoff in alkoholischer Lösung wurde bereits hingewiesen. Sie führt in meist hohen Ausbeuten zu den Carbonyl- und 1,3-Dicarbonylverbindungen (*54, 55, 68*), von denen sich das Ausgangsylid ableitet. Ketogruppen werden dabei gelegentlich zum Alkohol reduziert (*59, 60*).

Das cyclische Ylid (52) wird mit Zink/Essigsäure bei 0° C zum Sulfoxyd, bei 110° C zum Sulfid (75) gespalten. Mit dem gleichen Reagens entsteht aus

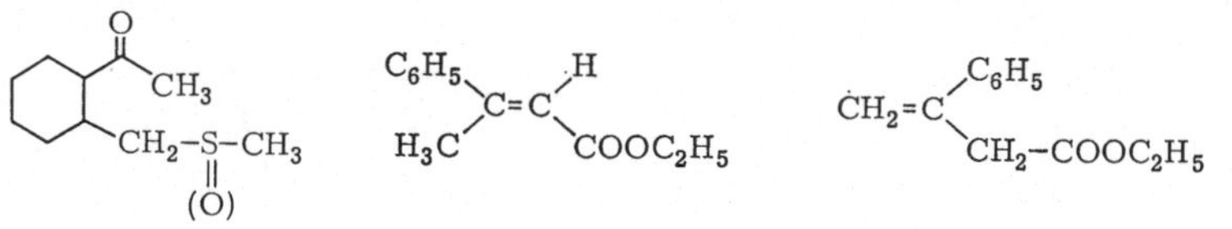

(75) (76) (77)

dem vinylogen Acylsulfuran (54) ein Gemisch aus 10 % (76) und 90 % (77). Die Autoren diskutieren ein Radikal-Anion als Zwischenstufe (*44*).

f) Hydrolyse

Acyl(oxo)-sulfurane reagieren in Abhängigkeit von den Reaktionsbedingungen sehr verschieden mit *Mineralsäure:* Unter milden Bedingungen entstehen die Salze. Beim Erhitzen mit verdünnten Halogenwasserstoffsäuren kann ein Alkylrest vom Schwefel abgelöst werden, wie schon *Zincke* (*105, 106*) an den Yliden (55) beobachtete oder ein Acyl-Rest in Form der Säure von Sulfonium-Rest abgespalten werden (*51, 84*) (Schema N).

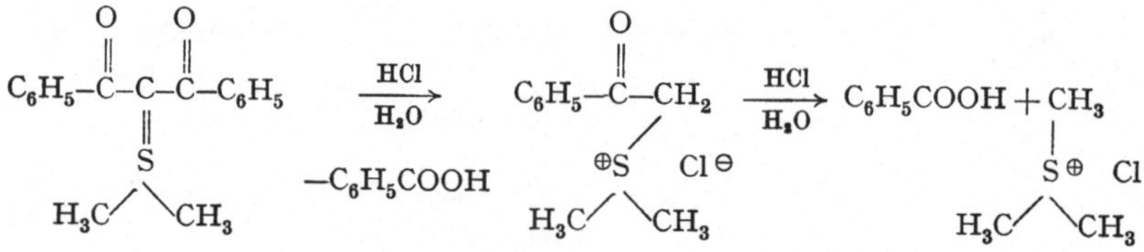

$$C_6H_5{-}CO{-}C({=}S(CH_3)_2){-}CO{-}C_6H_5 \xrightarrow[H_2O]{HCl} C_6H_5{-}CO{-}CH_2{-}\overset{\oplus}{S}(CH_3)_2\ Cl^{\ominus} \xrightarrow[H_2O]{HCl} C_6H_5COOH + CH_3{-}\overset{\oplus}{S}(CH_3)_2\ Cl^{\ominus}$$

$-C_6H_5COOH$

(N)

Konzentrierte Halogenwasserstoffsäuren können den Schwefelrest als Sulfid oder Sulfoxyd verdrängen; man gewinnt die α-Halogencarbonyl-Verbindungen (*55*). So entsteht aus dem Bis(-N-phenylcarbamoyl-) dimethyloxosulfonium-methylid (47, R,R′ = C_6H_5) in siedender konz. Salzsäure α-Chlormalon-dianilid.

Gegen Wasser und Alkali erweisen sich die Acyl-S-ylide auffallend stabil. Einige, vor allem Acyl- und Carbalkoxy-dialkylsulfoniumylide sind ausgesprochen hygroskopisch. Im IR-Spektrum des Carbomethoxy-dimethylsulfonium-methylids (64a) beobachtet man beim Stehen in feuchter Atmosphäre das Auftreten einer starken OH-Bande und auffallende Veränderungen im Fingerprint-Gebiet. Durch Trocknen im Exsikkator erhält man das Ylid (64a) zurück (*60, 84*). Möglicherweise liegt ein Gleichgewicht mit dem Sulfonium-hydroxyd vor. Bei längerem Stehen der wäßrigen Lösung bildet sich jedoch Dimethylsulfid (*60*).

Eine interessante Spaltung wird am Ylid (54) beobachtet, das mit *Triäthylamin* in Benzol zum Carbonester (78) umgewandelt wird. Schema (O) zeigt den mechanistischen Vorschlag der Autoren.

$$C_6H_5{-}C{=}CH{-}COOC_2H_5,\ H_2C{-}S^{\oplus}(=O)CH_3,\ CH_2^{\ominus} \longrightarrow C_6H_5{-}C(=CH_2){-}C(H)(COOC_2H_5){-}CH_2{-}S(=O){-}CH_3 \xrightarrow{\text{Base}} C_6H_5{-}C(=CH_2){-}C(=CH_2){-}COOC_2H_5 \quad \text{(O)}$$

(54) (78)

g) Doppelte Substitution

Die erwähnten Reaktionen der Acyl-Schwefelylide mit Methyljodid, Acrylnitril und konz. Salzsäure stellen Beispiele einer allgemeinen Reaktion dar, in der ein *elektrophiles Agens A und nucleophiles Agens B* den Schwefelrest vom Ylidkohlenstoff verdrängen (Schema P) (*55, 60*).

$$R'{-}C(=S(=O)R''R'''){-}C(=O){-}R \xrightarrow{+A\ +B} R'{-}C(A)(B){-}C(=O){-}R + R''R'''S(=O) \quad \text{(P)}$$

Die Kombination A+B kann in weiten Grenzen variieren. A kann z.B. ein Alkylrest, ein Proton, Halogen oder elektronenarmes Olefin sein, während sich für B fast alle guten Nucleophile eignen, z.B. Thiole, Phenole, Alkohole, Amine, Halogenidionen, Carboxylate, Sulfinsäure und Azidionen (*55, 61*).

In einigen Fällen lassen sich die primär entstehenden Salze abfangen und in die substituierten Ylide, z.B. Benzoyl-brom-dimethylsulfonium-methylid (79), überführen (Schema Q) (*84a*).

Gelegentlich, vor allem bei S-Methyl-sulfonium-yliden, erfolgt der nucleophile Angriff durch B am Alkylrest R‴. Es entstehen dann die Thioäther (80).

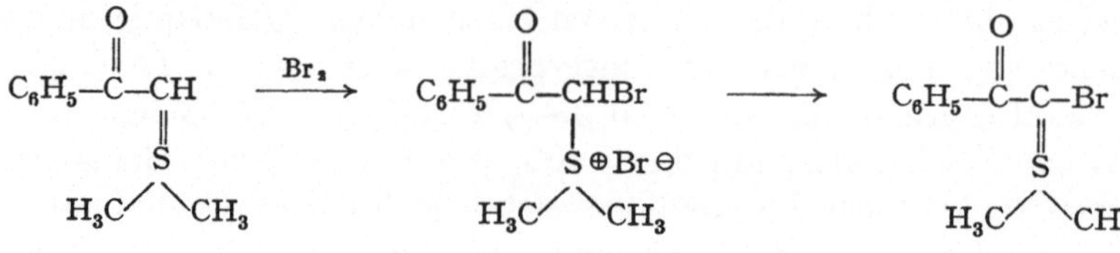

$$C_6H_5-C(=O)-CH=S(CH_3)_2 \xrightarrow{Br_2} C_6H_5-C(=O)-CHBr-S^{\oplus}(CH_3)_2\,Br^{\ominus} \longrightarrow C_6H_5-C(=O)-C(Br)=S(CH_3)_2$$

(79) (Q)

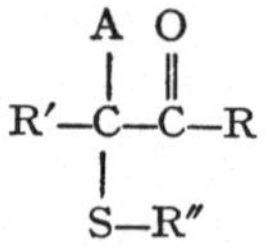

$$R'-C(A)(S-R'')-C(=O)-R \quad (80)$$

Eine „vinyloge" Variante zeigt das Ylid (58a) bei Einwirkung von Propargylaldehyd (*104*); bei 150° entsteht in mäßiger Ausbeute der Furanaldehyd (81) (Schema R).

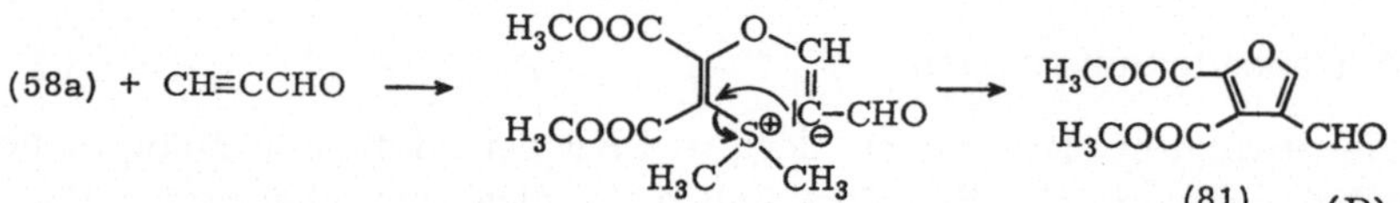

(58a) + CH≡CCHO ⟶ [Zwischenstufe: $(H_3COOC)_2C=C$, $S^{\oplus}(CH_3)_2$, O–CH=C$^{\ominus}$–CHO] ⟶ Furan mit H_3COOC, H_3COOC, CHO (81) (R)

Ylid (59a) cyclisiert bereits beim Erhitzen zum Furan-tetracarbonester.

h) Verbrückung von Hetero-Mehrfachbindungen

Im Vergleich zu den unsubstituierten Yliden (1) und (3) reagieren Acyl-(oxo)-sulfurane nurmehr träge mit *Aldehyden* und Schiffbasen. Aus N-Phenyl-carbamoyl-dimethyloxosulfonium-methylid (46, R = C_6H_5) und Isobutyraldehyd entsteht in Gegenwart einer Spur Säure vermutlich das Oxiran (82), das jedoch sofort zum isolierten Produkt (83) isomerisiert (*55*).

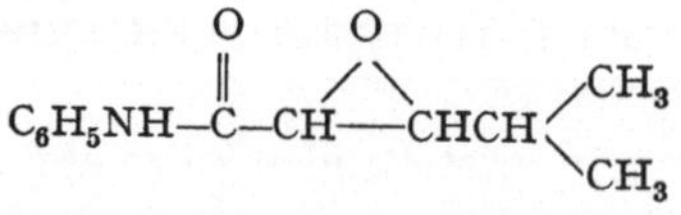

$$C_6H_5NH-C(=O)-\underset{\diagdown O \diagup}{CH-CH}CH(CH_3)_2 \quad (82) \qquad C_6H_5NH-C(=O)-CH=CH-C(CH_3)_2-OH \quad (83)$$

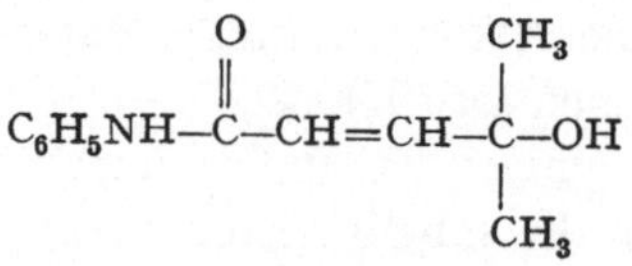

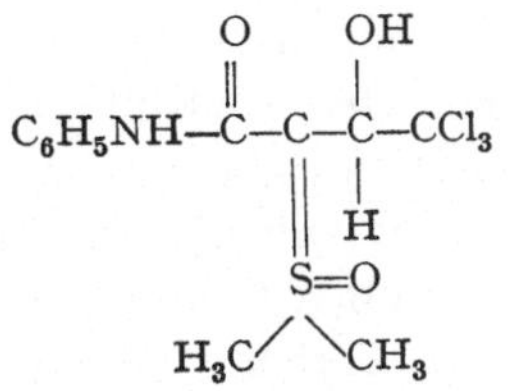

$C_6H_5NH{-}C(=O){-}C(=S(=O)(CH_3)_2){-}CH(OH){-}CCl_3$

(84)

$O_2N{-}C_6H_4{-}\overset{H}{C}{-}O{-}\overset{H}{C}{-}C(=O){-}C_6H_5$ (Epoxyd)

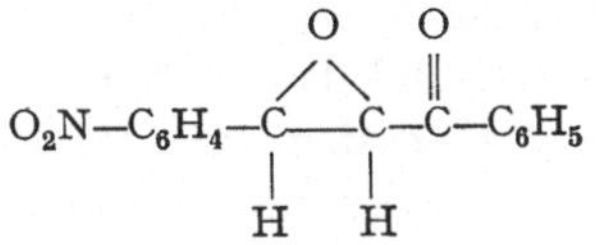

(85)

Während Benzaldehyd oder Acetophenon nicht oder extrem träge mit (46) reagieren, bildet sich mit dem stark elektrophilen Chloral ein Addukt (84), das leicht wieder in die Ausgangskomponenten zerfällt (*55*). Über die Reaktionsweise von Benzoyl-phenyl-methylsulfonium-methylid (63a) mit p-Nitrobenzaldehyd liegen widersprechende Ergebnisse vor (*51, 76, 84*). Die Ausbeute an Epoxyd (85) scheint jedenfalls 10 % nicht zu überschreiten (*51*). Das wegen der konkurrierenden Amid-Mesomerie stärker nucleophile Ylid N, N-Diäthyl-Carbamoyldimethylsulfonium-methylid (64c) gibt selbst mit Benzaldehyd stereospezifisch das trans-Epoxyd (86). Die Autoren diskutieren konformative Gründe für die geringe Neigung substituierter schwach nucleophiler S-Ylide zur Epoxydbildung (*84a*). Die Entstehung instabiler Episulfide konnte bei der Reaktion von Carbamoyl-oxosulfonium-yliden (46) mit Isothiocyanaten oder Schwefelkohlenstoff wahrscheinlich gemacht werden (*55*).

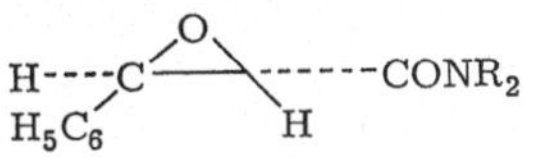

H, H_5C_6 – C(–O–)C – H, $CONR_2$ (trans-Epoxyd)

(86)

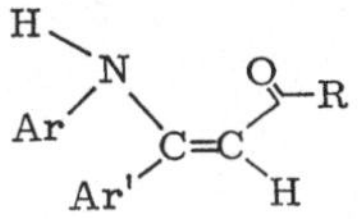

$H{-}N(Ar){-}C(Ar')=CH{-}C(=O){-}R$

(87)

$C_6H_5{-}\overset{O}{\overset{\uparrow}{N}}{=}CH{-}\overset{O}{\overset{\|}{C}}N(C_2H_5)_2$

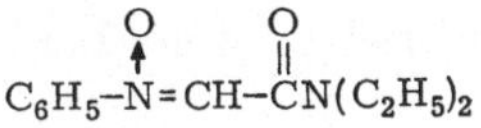

(88)

Acylsulfurane reagieren in situ mit Benzalanilinen zu β-acylierten Enaminen der Struktur (87). Ob die Reaktion über Aziridine verläuft, wurde bisher nicht geklärt (*89*).

Nitrosobenzol und (64c) ergeben — vermutlich über eine Oxaziranstufe — das Nitron (88) (*84*).

i) Thermolyse

Unter geeigneten Reaktionsbedingungen sollten Acyl-(oxo)-sulfonium-ylide als Quelle für *Ketocarbene* dienen können, da bei α-Eliminierung die recht stabilen Sulfoxyde oder Thioäther als austretende Gruppe entstehen.

Die Thermolyse von (46, $R = C_6H_5$) in Substanz oder in Gegenwart von Olefinen führt zwar zur Abspaltung von Dimethylsulfoxyd (*55*), als weiteres Bruchstück läßt sich jedoch Phenylisocyanat nachweisen. Vermutlich liegt hier eher eine Rückspaltung in Dimethyl-oxosulfonium-methylid (1) und dessen weiterer Zerfall in Sulfoxyd und ein Methylenbruchstück vor, als die primäre Bildung des Carbens (89a) und dessen Zerfall in Isocyanat und „Methylen“.

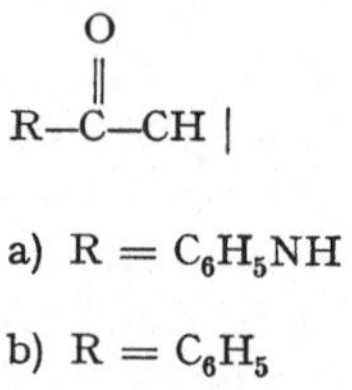

$$R-\overset{\overset{\displaystyle O}{\|}}{C}-\overline{C}H$$

a) $R = C_6H_5NH$

b) $R = C_6H_5$

(89)

$$(H_3C)_2\overset{\oplus}{S}\cdots CH-COC_6H_5$$
$$(H_3C)_2\underset{\oplus}{S}-\underset{\ominus}{C}H-COC_6H_5$$

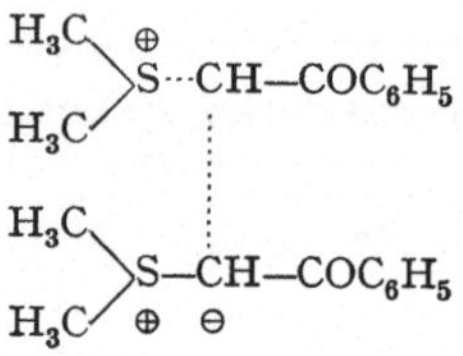

(90)

Ylid (63a) ließ sich thermisch nicht zersetzen (*76*), dagegen wurde für (63b) ein „carbenoider Zerfall“ diskutiert (*51*), der über (90) zur Bildung von Dibenzoyläthylen und schließlich 1,2,3-Trisbenzoyl-cyclopropan (74) führt. Allerdings ist die Ausbeute niedrig. Bei Zusatz von Triphenylphosphin, einem Carbenfänger (*84a*), entsteht in geringer Ausbeute Benzoyltriphenylphosphonium-methylid. In einer Kurzmitteilung (*94*) ist die Bildung von Carbenprodukten, z.B. (74) und wenig Benzoylnorcaran (91) beschrieben, wenn bei

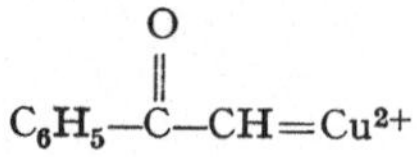

$$C_6H_5-\overset{\overset{\displaystyle O}{\|}}{C}-CH=Cu^{2+}$$

(92)

der Thermolyse von Benzoyl-dimethyl-sulfonium-methylid (63b) wasserfreies Kupfersulfat zugesetzt wird. Möglicherweise tritt hierbei ein Kupfer-Carben-Addukt (92) auf.

j) Photolyse

Bei der *Photolyse* von (63b) mit einer Quecksilber-Hochdrucklampe und mit Pyrex-Filter in Gegenwart von Alkoholen und Cyclohexen entstehen Produkte, die auf das Auftreten freien Benzoylcarbens hinweisen (*94*): Acetophenon als Produkt einer Wasserstoff-Abspaltung, Phenylessigester als Abfangprodukt des durch Umlagerung entstandenen Phenylketens, Benzoyl-norcaran als Additionsprodukt an die Doppelbindung des Olefins und (74), das durch Reaktion des Carbens mit dem Ausgangsylid zu Dibenzoyläthylen und dessen Weiterreaktion entsprechend Schema (M) entstanden sein dürfte.

Die Methanollösungen von α-Acyl-oxosulfonium-methyliden (z.B. Schema S) gehen beim Bestrahlen mit einem Quecksilber-Niederdruckbrenner (*20*) in die Methylester der Säuren über, die sich von den entsprechenden Ketocarbenen — über eine Wolff-Umlagerung in die Ketene — ableiten lassen.

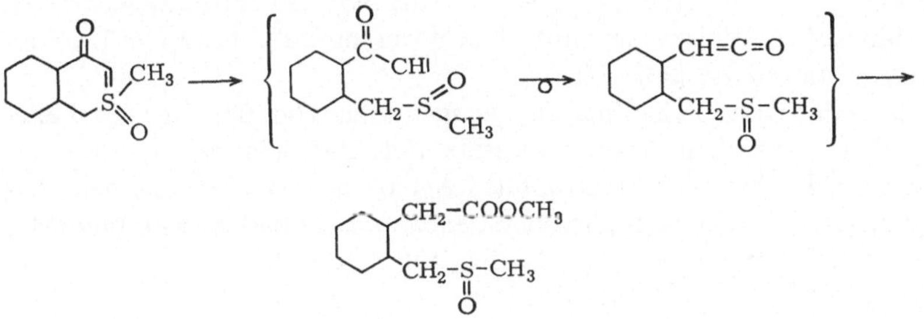

(S)

C. Schwefelylide, die durch andere Substituenten stabilisiert werden

I. Cyclopentadienyl-ylide

Die Stabilisierung der negativen Ylid-Ladung gelingt auch durch Einbeziehung in das 6π-Aromatensystem eines Cyclopentadien-anions.

So gelang bereits *Ingold* und *Jessop* (*46*) die Darstellung des S,S-Dimethylsulfonium-*fluorenylids* (93) aus 9-Brom-fluoren, Dimethylsulfid und Kalilauge. Das kristalline Produkt zersetzt sich im Laufe weniger Stunden.

Die Einführung von Nitrogruppen in Stellung 2 bzw. 2 und 7 (*45*) ergibt dagegen sehr stabile Ylide (93a) und (93b).

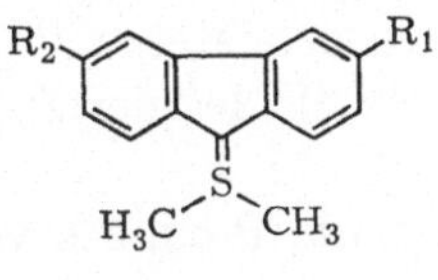

R_1 = H (93)
R_2 = H

a) $R_1 = NO_2$, R_2 = H
b) $R_1 = R_2 = NO_2$

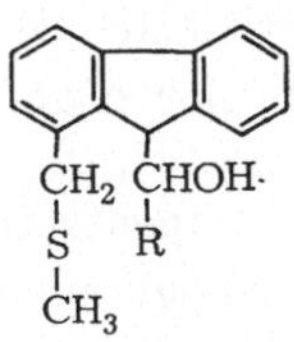

(94) 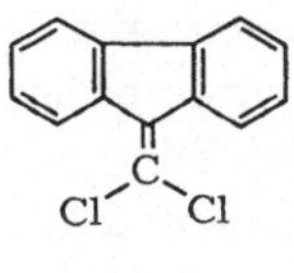 (96)

Die Nucleophilie von (93) ist bereits soweit gesenkt, daß es sich nurmehr mit solchen Benzaldehyden, die Nitro, Cyan- oder mehrere Halogensubstituenten tragen, zu Epoxyden umsetzt (*48*). Als Nebenprodukt entstehen außerdem vielfach die Alkohole (94), die das Ergebnis einer Aldehydaddition, gefolgt von einer Sommelet-Umlagerung zu sein scheinen. Auf die Umsetzung mit Nitrosobenzol zum Nitron (36) wurde weiter oben bereits hingewiesen.

Bei der Chromatographie von (93) (*48*) oder der Thermolyse von (93a) in Nitromethan (*45*) entstehen Difluoryliden (95) bzw. 2,2'-Dinitrodifluoryliden. Wieweit hierbei Carben-Zwischenstufen beteiligt sind, läßt sich noch nicht übersehen. Dagegen scheint (93) als Carbenfänger wirken zu können. Das Ylid reagiert mit Chloroform nur auf Zusatz von Kalium-t-butylat und bildet (96) (*77*).

Auch das Dimethylsulfonium-cyclopentadienylid (97) wurde auf analoge Weise aus dem Disulfoniumsalz mit Natronlauge kristallin erhalten (*3*). Es wird von elektrophilen Agenzien, z.B. aromatischen Diazoniumsalzen oder o-Nitrophenyl-sulfenchlorid ein bis dreimal, und zwar in Stellung 2,5 und schließlich 3, substituiert (z.B. 98).

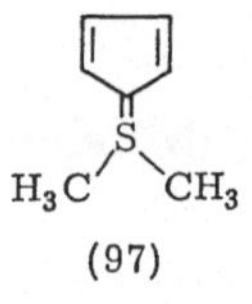

$S{-}C_6H_4{-}NO_2$

$O_2NH_4C_6{-}S$ $S{-}C_6H_4NO_2$

NC–C–CN

O

R–C–C–CN

S S S S(=O)

H_3C CH_3 H_3C CH_3 H_3C CH_3 H_3C CH_3

(97) 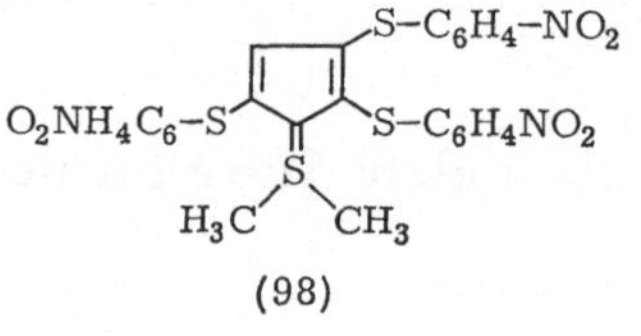 (98) 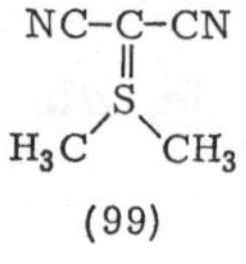 (99) 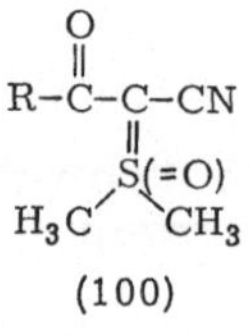 (100)

II. Nitril-ylide

Ähnlich stabilisierend wie die Carbonylfunktion wirken erwartungsgemäß auch Nitrilgruppen. Malodinitril und Dimethylsulfoxyd kondensieren mit Salzsäure, Thionylchlorid (*73*) oder Acetanhydrid (*36*) zum kristallinen Dicyano-dimethylsulfonium-methylid (99). Eine weitere Darstellungsmethode geht von Tetracyan-äthylenoxyd und Dimethylsulfid aus (*73*). Sie läßt sich auch auf andere Thioäther übertragen, versagt jedoch beim Diphenylsulfid. Die thermische Stabilität von (99) ist wiederum recht ausgeprägt. Erst bei 190° C erfolgt Zerfall in u.a. Tetracyanäthylen. Mit H_2O_2 wird keine Reaktion beobachtet, mit Mineralsäuren wurde bisher nur der jeweilige Thioäther als definiertes Produkt derartiger Ylide gefaßt (*73*).

Cyanid- und Carbonylgruppen stabilisieren die Produkte vom Typ (100), die aus Monoacyl-(oxo)-sulfoniumyliden und Bromcyan oder Phenylcyanaten leicht zugänglich sind (*60*).

Allen α-Nitril-Yliden ist eine auffallend langwellig (4,58-4,70 μ) verschobene Nitrilbande gemeinsam.

III. Nitro-ylide

Ohne Angaben über seine Reaktionsfähigkeit wurde das aus Dinitromethan, Dimethylsulfoxyd und Acetanhydrid in 36 % Ausbeute zugängliche Dinitro-dimethyl-sulfonium-methylid (101) beschrieben (*37*), das sich gegenüber Dinitromethan

$$O_2N{-}C{-}NO_2 \quad \overset{\|}{S}(CH_3)_2$$

(101)

durch thermische Stabilität auszeichnet.

IV. Sulfon-ylide

Die *Sulfonierung von Dimethyloxosulfonium-methylid* (1) gelingt vor allem mit Alkyl- oder Arylsulfonyl-fluoriden (*97*). Die kristallinen Produkte (102) entstehen in 40—90 % Ausbeute, während die Sulfonierung mit Arylsulfonyl*chloriden* keine definierten Produkte ergibt.

$RSO_2{-}CH{=}S({=}O)(CH_3)_2$ (102)

$C_6H_5{-}SO_2{-}C({=}S({=}O)R_2){-}SO_2C_6H_5$ (103)

$R = CH_3,\ C_4H_9$

$H_2C{=}CH{-}SO_2{-}C({=}S(CH_3)_2){-}SO_2{-}C_6H_5$ (104)

$H{-}C({=}S(CH_3)_2){-}\overset{\oplus}{S}(CH_3)_2$ (105)

Weder mit p-Nitrobenzaldehyd, noch mit Schiffbasen gelingt eine weitere Umsetzung von (102). Thermolyse und Photolyse ergeben entweder gar keine Reaktion oder Teerbildung.

Zweifach sulfonierte Schwefelylide (103) entstehen bei Photolyse und Thermolyse des Bis-phenylsulfonyl-diazomethans in Gegenwart von Thioäthern oder Sulfoxyden, vermutlich durch Abfangen des Bis-(phenylsulfonyl)-carbens (*22*).

Kürzlich wurde Vinylsulfonyl-phenylsulfonyl-methan in mäßiger Ausbeute mit Dimethylsulfoxyd und Acetanhydrid zum Ylid (104) kondensiert (*21*).

V. Bis-Sulfonium-ylide

Schließlich vermag auch ein weiterer *Sulfonium-Substituent* ein Sulfoniumylid zu stabilisieren. Bis-dimethylsulfonium-methan ergibt mit Natronlauge ein reaktionsträges Ylid (105). Mit Benzoylchlorid, gefolgt von Wasser, entsteht daraus u.a. Phenyl-glyoxalhydrat (*66*).

Die systematische Untersuchung der unter C) benannten Ylid-Klassen steht noch aus. Die bisherigen Erfahrungen deuten auf ein ähnliches Reaktionsverhalten, wie es die Acyl-stabilisierten Ylide zeigen, d.h. geringe Nucleophilie und thermische Stabilität.

D. Schwefel-ylide als postulierte Zwischenstufen

Bei zahlreichen weiteren Reaktionen von Sulfoniumsalzen und Sulfiden läßt sich das Auftreten von Schwefel-Ylid-Zwischenstufen sinnvoll diskutieren oder sogar wahrscheinlich machen. So deuten Markierungsversuche auf einen α′,β-Mechanismus der Hofmann-Eliminierung bestimmter Trialkylsulfoniumsalze unter dem Einfluß starker Basen (*29, 30*) (vgl. 106).

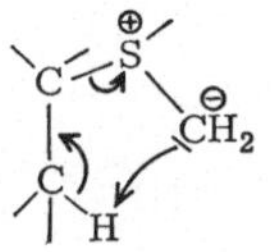

$C_{12}H_{25}\overset{\oplus}{S}(CH_3)-CH_2-COOH \quad Tos^{\ominus}$

(106) 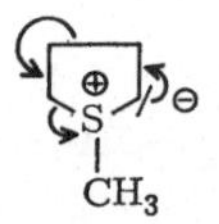 (107) 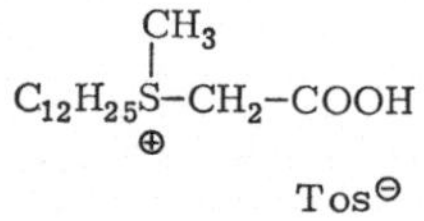 (108)

Über die Ylidstufe (107) scheint die Fragmentierung von S-Methyl-thiolanium-jodid mit Phenyl-lithium zu Äthylen und Methyl-vinylsulfid zu verlaufen (*99*).

Der schnelle α-Protonenaustausch in Benzyl-sulfoniumsalzen deutet darauf hin, daß ein Benzylid die erste Stufe der Umsetzung mit Natronlauge darstellt, die zu Benzylalkoholen und/oder Stilbenen (*85, 86, 87, 90*) führt.

Die leichte Decarboxylierung der Säure (108) bei 56° mit Piperidin zum Dimethyl-dodecyl-sulfoniumsalz erfolgt vermutlich über das energetisch relativ günstige S-Dodecyl-S-methyl-sulfonium-methylid (*10*).

S-Methyl-S-benzyl-benzoyl-sulfonium-methylid könnte die Zwischenstufe der basenkatalysierten Umlagerung von Methyl-benzyl-phenacyl-sulfonium-bromid zu α-Methylmercapto-(β-phenyläthyl)-phenylketon sein (*91*).

Die Bildung des Thioäthers (109) aus dem Phenyl-allylsulfid mit Dichlorcarben wird über die

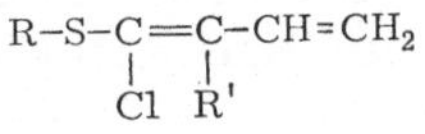

$$R{-}S{-}C(Cl){=}C(R'){-}CH{=}CH_2$$

(109) 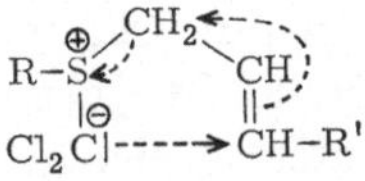 (110) 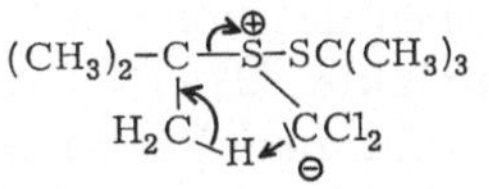 (111)

Ylidstufe (110) erklärt (*78*). Auch die C-S-Spaltung von Disulfiden mit Dichlorcarben dürfte von einer ähnlichen Abfangreaktion des Carbens durch den Schwefel zu einem Ylid (111) eingeleitet werden (*88*), das dann auf die angegebene Weise zerfällt.

Die Basizität von Diazomethan reicht offenbar aus, um Phenacyl-S,S-dibutyl-sulfoniumsalz in das α-Acylylid zu überführen, das dann im weiter oben beschriebenen Sinne zu Tris-benzoyl-cyclopropan weiterreagiert. Die Reaktion scheint von den Substituenten am Schwefel abhängig zu sein, da das S-Phenyl-S-Methyl-phenacylsulfoniumsalz inert ist (*39*).

Die leichte Michael-Addition von Natronlauge an Vinylsulfoniumsalze verläuft wohl über Ylide wie (112) (*23*).

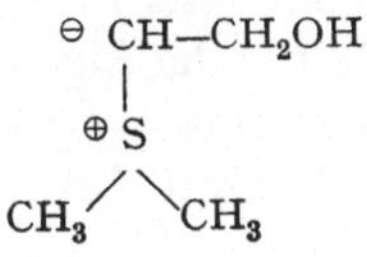

(112) 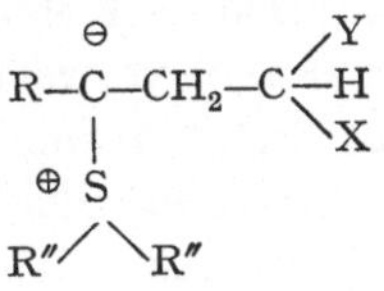 (113) 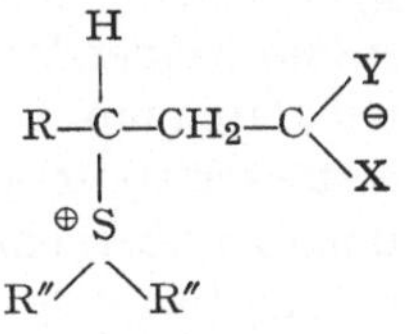 (114) 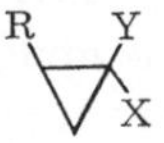 (115)

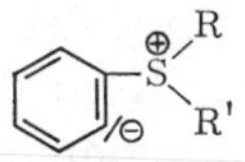

Adenosin—S—(CH₂)₂—CH—CO₂ ⊖

(116) 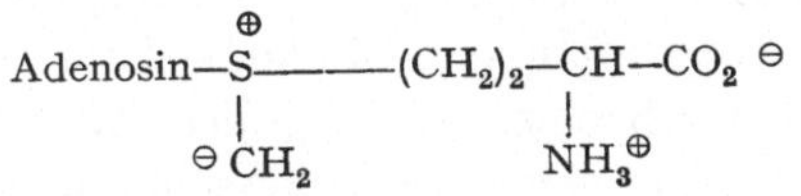 (117)

Ylide des Typs (113) stellen sehr wahrscheinlich das Primärprodukt bei der Umsetzung von Vinylsulfoniumsalzen mit den Natriumsalzen CH-acider Verbindungen dar. Durch Protonenwanderung zum Zwitterion (114) wird der Ringschluß zum isolierten Produkt (115) möglich (*32*).

Schließlich sei noch auf die Abfangreaktion von Dehydrobenzol (Arin) durch Thioäther hingewiesen, die sicher über das Primärprodukt (116) verläuft. Während aus Dimethylsulfid jedoch offenbar das S-Phenyl-

S-methyl-sulfonium-methylid durch Prototropie entsteht, wie die Isolierung von Phenyl-methyl-monodeuteromethyl-sulfoniumsalz nach Behandeln der Reaktionslösung mit Deuteroschwefelsäure zeigt (*28*), entstehen aus höheren Thioäthern nur Eliminierungs- und Umlagerungsprodukte (*28, 34*). Als generelle Synthese für Phenylsulfoniumylide scheint diese Reaktion somit nicht geeignet.

Völlig offen ist bisher die Frage, ob Schwefelylide auch bei Reaktionen *biologischer Systeme* eine Rolle spielen. In diesem Zusammenhang sei auf die Reaktivität der 2-Stellung im Thiazoliumring des Thiamins hingewiesen (*9, 100*). Quantenmechanische Berechnungen und Kernresonanz-Untersuchungen lassen die Beteiligung von Ylidstrukturen als Erklärung zumindest möglich erscheinen (*33*). Auf rein spekulativer Basis beruht bisher die Diskussion von Ylidzwischenstufen (117) bei der Bildung von Cyclopropancarbonsäuren aus ungesättigten Fettsäuren und S-Adenosylmethionin (*65, 82*).

E. Zusammenfassung

Das schon sehr reichhaltige experimentelle Material der Schwefelylid-Chemie läßt einige charakteristische Linien erkennen.

1. Die allgemeinste Darstellungsmethode setzt (Oxo)-Sulfoniumsalze, die mindestens noch einen Wasserstoff am α-Kohlenstoff eines der Liganden tragen, mit Basen um. Dabei kann die verwendete Base umso schwächer sein, je stärker weitere Substituenten am Ylidkohlenstoff dessen negative Ladung zu übernehmen vermögen. Gleichzeitig steigt die thermische Stabilität der gebildeten Ylide. Auf einen engeren Rahmen beschränkt bleibt die Abfangreaktion von Carbenen und Arinen (Dehydroaromaten) mit Thioäthern oder Sulfoxyden, sowie die Addition von Nucleophilen an die β-Stellung von Vinylsulfoniumsalzen.

2. Die überwiegende Zahl aller bekannten Reaktionen der Schwefelylide wird durch einen nucleophilen Angriff des Ylid-Kohlenstoffs am Reaktionspartner eingeleitet. Dabei entstehen (Oxo)-Sulfoniumsalze, die sich entweder durch Protonenabgabe bzw. intramolekulare Protonenwanderung zu neuen Yliden stabilisieren oder einen Liganden vom Schwefel auf ein nucleophiles Agens übertragen. Bei intramolekularem Ablauf dieser letzten Reaktion können sich Dreiringe oder Fünfringe bilden.

3. In charakteristischem Gegensatz zu den Phosphoryliden ist bei Schwefelyliden bisher keine Übernahme von Heteroelementen durch den Schwefel beobachtet worden.

4. Ein Zerfall in Carbene und Thioäther bzw. Sulfoxyde scheint bei der Photolyse der Acylylide weitgehend gesichert. Dagegen lassen die Produkte der Thermolysen oder der kupferkatalysierten Thermolysen

meist auch andere mechanistische Erklärungen zu. Andererseits erweisen sich Schwefelylide als wirkungsvolle Carbenfänger und senken somit die Ausbeute der beobachteten vermutlichen Carbenprodukte.

Tabelle 1. *Verbindungen des Typs* $R{-}CO{-}CH{=}SO(CH_3)_2$

R	Fp./Kp.	Ausb.%	Methode	Literatur
CH_3	135°/0,8	80	A	(*55*)
C_6H_5	119–120°	72	A	(*55*)
C_6H_5	119–120°	92	B	(*20*)
C_6H_5	119°	55	C	(*60*)
Cyclo–C_6H_{11}	198–199°	87	B	(*20*)
1–Cyclo–C_5H_7	145–146,5°	85	E	(*20*)
1–Cyclo–C_6H_9	168,5–169,5°	92	E	(*20*)
$(C_6H_5)_2CH$	147°	43	A*	(*55*)
$(CH_3)_3CNH$	195°	30	D	(*55*)
C_6H_5NH	179°	79	D	(*55*)
Cyclo–$C_6H_{11}NH$	178°	55	D	(*55*)

* Keten

Methode A in DMSO + Anhydrid
B in THF + Säurechlorid

C $C_6H_5{-}\underset{\underset{O}{\|}}{C}{-}CH_2{-}\overset{\oplus}{\underset{\underset{O}{\|}}{S}}(CH_3)_2$ $X^{\ominus}$ + Base

D in Isocyanat + DMSO
E in THF + Phenylester

Tabelle 2. *Verbindungen des Typs* $\begin{matrix} R_1\,CO \\ R_2\,CO \end{matrix}\!\!>C{=}SO(CH_3)_2$

R_1	R_2	Fp. °C	Ausb. %	Methode	Literatur
CH_3	CH_3	180°	27	A	(*55*)
CH_3	C_6H_5	166°	83	C	(*59*)
C_6H_5	C_6H_5	175°	80/85	A/C	(*55*)
CH_3	C_6H_5NH	163°	80	C	(*55*)
C_6H_5	C_6H_5NH	164°	81	C	(*55*)
$ClCH_2CH_2$	C_6H_5NH	141	71	C	(*59*)
$(CH_3)_2CHNH$	$(CH_3)_2CHNH$	214	84	A	(*55*)
$ClCH_2CH_2$	$ClCH_2CH_2$	131	52	A	(*55*)

Tabelle 2 (Fortsetzung)

R_2	R_1	Fp. °C	Ausb. %	Methode	Literatur
H_5C_2O	C_6H_5NH	126	91	B	(*59*)
$n{-}C_4H_9NH$	$n{-}C_4H_9NH$	118	65	A	(*55*)
$(CH_3)_3CNH$	$(CH_3)_3CNH$	221	50	A	(*55*)
cyclo $C_6H_{11}NH$	cyclo $C_6H_{11}NH$	216°	89	A	(*55*)
$C_6H_5CH_2CH_2NH$	$C_6H_5CH_2CH_2NH$	128°	60	A	(*55*)
C_6H_5NH	C_6H_5NH	175°	79/91	A/C	(*55*/*55*)
cyclo $C_6H_{11}NH$	C_6H_5NH	183°	97	C	(*55*)
Polymeres Ylid aus Hexamethylenisocyanat und (1)		170°	87	A	(*55*)

Methode A (1) + Anhydrid/bzw. Isocyanat

Methode B (1) + Säurechlorid

Methode C Monoacylylid + Acylierungsmittel

Tabelle 3. *Verbindungen des Typs*

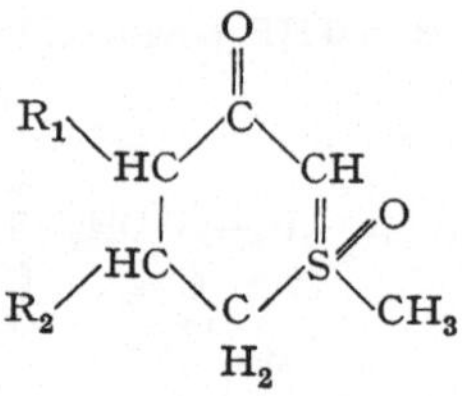

R_1–HC–C(=O)–CH=S(=O)(CH_3)–CH_2–HC(R_2) (Ring)

R_1	R_2	Fp.	Ausbeute %	Methode	Literatur
$-(CH_2)_4$	—	205–220°	—	A (trans)	(*20*)
H	H	181–185°	—	A	(*20*)
H	C_6H_5	—	—	A	(*18*)
$-(CH_2)_3$	—	—	55	B (cis)	(*20*)

Methode A R_1(C$O_2C_2H_5$)C=CH(R), THF + (1)

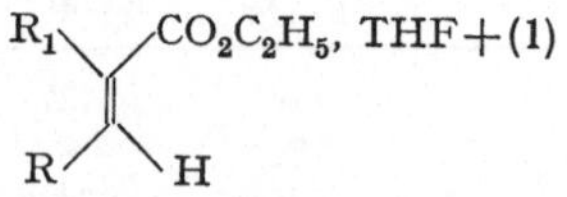

Methode B R_1(COCH=S(=O)(CH_3)CH_3)C=CR_2, CH_3OH

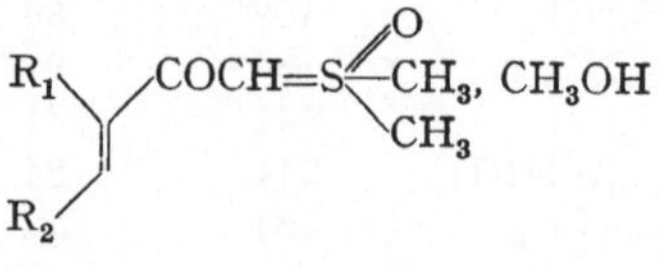

Tabelle 4. *Verbindungen des Typs* $R_1\text{–CO–CH=S}\langle^{R_2}_{R_3}$

R_1	R_2	R_3	Fp./Kp.	Ausb.	Literatur
CH_3	CH_3	CH_3	46°	57	(*59*)
C_6H_5	CH_3	CH_3	56–57/57–58°	99/80	(*84*/*51*)
C_6H_5	CH_3	C_6H_5	113–114°	70	(*76*)
$N(C_2H_5)_2$	CH_3	CH_3	Öl	91	(*84*)
CH_3O	CH_3	CH_3	43°	95	(*59*)
C_2H_5O	CH_3	CH_3	70°/0,01	80/70	(*59*/*84*)
CH_3O	— $(CH_2)_4$ —		100°/0,05	87	(*59*)
p–$C_6H_4NO_2$	CH_3	CH_3	110–111°	40	(*84*)
p–C_6H_4Br	CH_3	CH_3	121–123°	93	(*84*)
p–C_6H_4–C_6H_5	CH_3	CH_3	143–145°	93	(*84*)

Tabelle 5. *Verbindungen des Typs* $^{R_1CO}_{R_2CO}\rangle\text{C=S}\langle^{R_3}_{R_4}$

R_1	R_2	R_3	R_4	Fp./Kp.	Ausb. %	Methode	Literatur
CH_3	CH_3	CH_3	CH_3	168°	13	C	(*75*)
CH_3	C_6H_5	CH_3	CH_3	109°	40	C	(*75*)
CH_3	CH_3O	CH_3	CH_3	115°	60/82	A/B	(*59*)
CH_3	H_5C_2O	CH_3	CH_3	62,5°	59/7	B/C	(*59*/*75*)
CH_3–CH_2	CH_3O	CH_3	CH_3	85–86°	98	A	(*59*)
CH_3O	C_2H_5O	CH_3	CH_3	134°	89	B	(*59*)
CH_3O	C_6H_5NH	CH_3	CH_3	96°	74	B	(*59*)
C_6H_5	CH_3O	CH_3	CH_3	183°	69	A	(*59*)
C_6H_5	C_6H_5	CH_3	CH_3	211–212°	24	A	(*51*)
C_6H_5	C_6H_5NH	CH_3	CH_3	168–169°	82	B	(*59*)
CH_3O	CH_3O	— $(CH_2)_4$ —		102°	92	A	(*59*)
CH_3	CH_3	CH_3	C_6H_5	140°	44	C	(*75*)
CH_3	C_6H_5	CH_3	C_6H_5	138°	27	C	(*75*)
CH_3	C_2H_5O	CH_3	C_6H_5	60°	21	C	(*75*)
H	–OCH_3	CH_3	CH_3	104°	40	D	(*103*)
CH_3O	–$COOCH_3$	CH_3	CH_3	142°	81	D	(*104*)

Methode A $\quad ^{R_1CO}_{H}\rangle\text{C=S}\langle^{R_3}_{R_4} + R_2COX$

Methode B $\quad ^{R_2CO}_{H}\rangle\text{C=S}\langle^{R_3}_{R_4} + R_1\overset{O}{\overset{\|}{C}}\text{–X}$

Methode C $\quad R_1COCH_2COR_2 + R_3SOR_4$

Methode D $\quad$ Acetylen-carbonester + DMSO

Tabelle 6. *Verbindungen vom Typ* $\mathrm{O{=}C\overset{A}{\frown}C{=}O}$, $\mathrm{C{=}S(R_1)R_2}$

A	R_1	R_2	R_3	R_4	Fp./Kp.	Ausb. %	Literatur
$\mathrm{-(CH_2)_3-}$	CH_3	2 CH_3			205°	47	(*37*)
$\mathrm{-(CH_2)_3-}$	CH_3	C_6H_5			124°	20	(*51*)
$\mathrm{{}^{O}_{O}{>}C{<}{}^{CH_3}_{CH_3}}$	CH_3	$C_6H_5CH_2$			187°	42	(*37*)
$\mathrm{{}^{O}_{O}{>}C{<}{}^{CH_3}_{CH_3}}$	CH_3	CH_3			198°	80	(*36*)
$\mathrm{{}^{O}_{O}{>}C{<}{}^{CH_3}_{CH_3}}$	C_6H_5	C_6H_5			220°	55	(*37*)
$\mathrm{{}^{O}_{O}{>}C{<}{}^{CH_3}_{CH_3}}$	C_2H_5	C_2H_5			147—148°	43	(*36*)
$\mathrm{{}^{O}_{O}{>}C{<}{}^{CH_3}_{CH_3}}$	$C_6H_5CH_2$	$C_6H_5CH_2$			225°	82	(*36*)
(o)—C_6H_4	CH_3	CH_3			190°	63	(*36*)
(o)—C_6H_4	$C_6H_5CH_2$				181°	56	(*37*)
$\mathrm{{}^{-NH}_{-NH}{>}C{=}O}$	$C_6H_5CH_2$	$C_6H_5CH_2$			210—215°	62	(*37*)
$\mathrm{{}^{-NH}_{-NH}{>}C{=}O}$	CH_3	CH_3			263°/273°	90/82	(*36*/*31*)
$\mathrm{-N(C_6H_5)-N(C_6H_5)-}$	CH_3	CH_3			212°	58	(*37*)
$\mathrm{-O{>}C{<}{}^{CH_3}_{CH_3}}$	CH_3	CH_3			225°	85	(*37*)
$\mathrm{-O{>}C{<}{}^{CH_3}_{CH_3}}$	$C_6H_5CH_2$	$C_6H_5CH_2$			190°	59	(*37*)

Tabelle 6 (Fortsetzung)

A	R_1	R_2	R_3	R_4	Fp./Kp.	Ausb.%	Literatur
$-O-C_6H_4-$	CH_3	CH_3			186—188°	66	(*37*)
$-C_{10}H_6-$	CH_3	CH_3			221°	31	(*36*)
$(-NR_3)(-NR_4)C{=}O$	CH_3	CH_3	H	CH_3	251—254°	67	(*31*)
$(-NR_3)(-NR_4)C{=}O$	CH_3	CH_3	CH_3	CH_3	278°	87	(*31*)
$(-NR_3)(-NR_4)C{=}O$	C_2H_5	C_2H_5	H	H	268—270°	98	(*31*)
$(-NR_3)(-NR_4)C{=}O$	C_2H_5	C_2H_5	H	CH_3	216—218°	89	(*31*)
$(-NR_3)(-NR_4)C{=}O$	C_2H_5	C_2H_5	CH_3	CH_3	171—174°	39	(*31*)
$(-NR_3)(-NR_4)C{=}O$	CH_3	C_2H_5	H	H	258°	56	(*31*)
$(-NR_3)(-NR_4)C{=}O$	CH_3	C_2H_5	H	CH_3	247°	30	(*31*)
$(-NR_3)(-NR_4)C{=}O$	$-(CH_2)_4$	—	H	H	272°	83	(*31*)
$(-NR_3)(-NR_4)C{=}O$	$-(CH_2)_4$	—	H	CH_3	254—255°	84	(*31*)
$(-NR_3)(-NR_4)C{=}O$	CH_3	CH_3	$-C(=O)-C_6H_4-$		259°	88	(*31*)
$-NH-C(=O)-$	CH_3	CH_3			205—210°	—	(*41*)**

Alle hergestellt durch Kondensation von R_1SOR_2 und $O{=}C(-A-)C{=}O$ mit CH_2 (Ring: $O{=}C-A-C{=}O$, $\overset{}{C}H_2$)

** Dargestellt aus dem Sulfoniumsalz

Tabelle 7. *Verbindungen vom Typ* 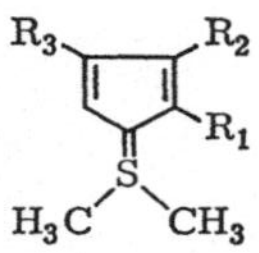

R_1	R_2	R_3	Fp.	Ausbeute	Literatur
H	H	H	134°	—	(*3*)
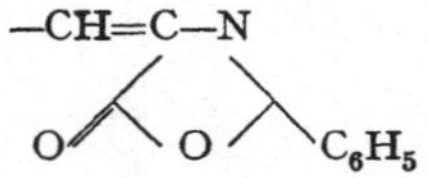	H	H	> 360°	—	(*3*)
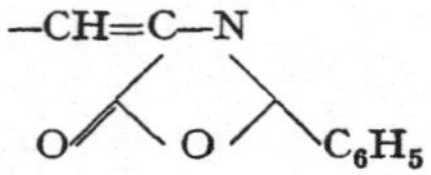	H	$-N{=}N-C_6H_4-NO_2$(p)	> 360°	—	(*3*)
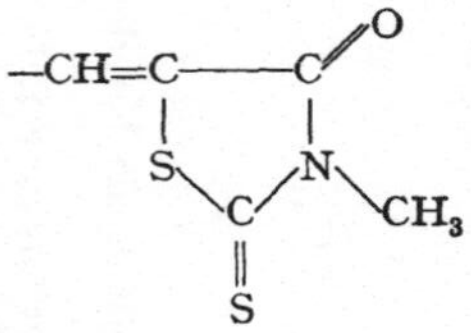	H	H	> 360°	—	(*3*)
$-SC_6H_4NO_2$(O)	$SC_6H_4NO_2$(O)	$S(C_6H_4)NO_2$(o)	225° Zers.	—	(*3*)
$N(CO_2C_2H_5)NH(CO_2C_2H_5)$	H	$N(CO_2C_2H_5)NH(CO_2C_2H_5)$	152—154°	—	(*3*)

Tabelle 8. *Verbindungen vom Typ* [Fluorenyliden-dimethylsulfonium-Ylid mit R_1, R_2; $S(CH_3)_2$]

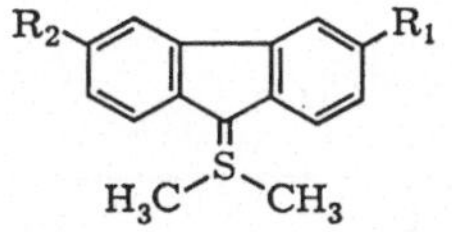

R_1	R_2	Fp.	Ausb. %	Literatur
H	H	70–75°	—	*(46)*
H	H	120–122°	82	*(47a)*
NO_2	H	$>$300° Zers.	—	*(45)*
NO_2	NO_2	300°	—	*(45)*

Tabelle 9. *Verbindungen vom Typ* $R_1(NC)C{=}SR_2R_3$

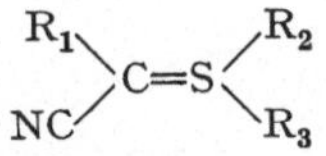

R_1	R_2	R_3	Fp./Kp.	Ausb. %	Methode	Literatur
CH_3CO	CH_3	CH_3	151°	41/48	A/B	*(60)*
CH_3OCO	CH_3	CH_3	165°	76	B	*(60)*
C_2H_5OCO	CH_3	CH_3	131°	14	C	*(75)*
C_6H_5CO	CH_3	CH_3	157°	67	B	*(60)*
CH_3OCO	— $(CH_2)_4$	—	142°	75	B	*(60)*

Methode A R_1–C(H)=S$(CH_3)_2$ + BrCN

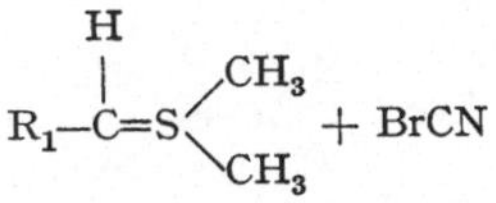

Methode B R_1–C(H)=S$(CH_3)_2$ + ArOCN

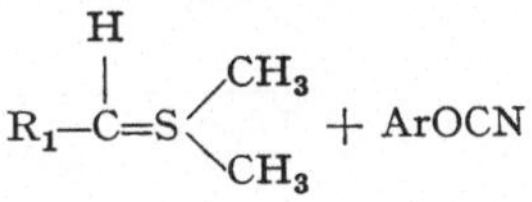

Methode C NC–CH_2–R_1 + DMSO

Tabelle 10. *Verbindungen vom Typ* $(NC)_2C{=}SR_2R_3$

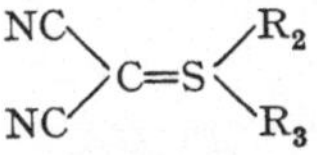

R_1	R_2	Fp.	Ausb. %	Literatur
CH_3	CH_3	99°	40/11	*(36/75)*
CH_3	CH_3	100–101°	77	*(73)*
C_2H_5	C_2H_5	85–86°	74	*(73)*
C_4H_9	C_4H_9	62°	30	*(73)*
— $(CH_2)_4$	—	94–95°	80/42	*(73)*
CH_3	$C_{12}H_{25}$	46–47°	85/57	*(73)*
CH_3	C_6H_5	77–78°	68/70/15	*(73/75)*
C_2H_5	C_6H_5	75–76°	75	*(73)*
C_4H_9	C_6H_5	Öl	74	*(73)*
CH_3	$C_{10}H_7$	137–137°	74	*(73)*
CH_3	p–C_6H_4–OCH_3	92–93°	67	*(73)*
CH_3	p–C_6H_4–Br	124–125°	45	(73)
CH_3	p–C_6H_4–SCH_3	136–137°	26	*(73)*

Tabelle 11. *Verbindungen vom Typ* $\begin{matrix} X \\ RSO_2 \end{matrix} \rangle C{=}SO \langle \begin{matrix} CH_3 \\ CH_3 \end{matrix}$

R	X	Fp.	Ausb. %	Literatur
CH_3	H	145,5—148,5°	68	*(97)*
C_2H_5	H	99—101°	74,5	*(97)*
$C_6H_5CH_2$	H	137,5—140°	42	*(97)*
p—CH_3O—C_6H_4	H	127—128°	91,5	*(97)*
p—CH_3—C_6H_4	H	144—146°	45,0	*(97)*
C_6H_5	$C_6H_5SO_2$—	178—179°	9	*(22)*

Tabelle 12. *Verbindungen vom Typ* $\begin{matrix} R_1SO_2 \\ R_2SO_2 \end{matrix} \rangle C{=}S \langle \begin{matrix} R_3 \\ R_4 \end{matrix}$

R_1	R_2	R_3	R_4	Fp.	Ausb. %	Literatur
C_6H_5	$CH_2{=}CH$—	CH_3	CH_3	133,5—134,5°	24,5	*(21)*
C_6H_5	C_6H_5	CH_3	CH_3	210—215°/ 214—215°	14/67	*(22/31)*
C_6H_5	C_6H_5	nC_4H_9	nC_4H_9	140°	57	*(22)*

Tabelle 13. *Verbindungen vom Typ* $\begin{matrix} X \\ Y \end{matrix} \rangle C{=}S \langle \begin{matrix} R_1 \\ R_2 \end{matrix}$

R_1	R_2	X	Y	Fp.	Ausb. %	Literatur
CH_3	CH_3	NO_2	NO_2	188°	36	*(37)*
CH_3	CH_3	H	$\overset{+}{S}(CH_3)_2$ $BF_4^{\ominus}$	104—105°	—	*(66)*
CH_3	CH_3	H	$[\overset{+}{S}(CH_3)_2]$ $B(C_6H_5)_4^{\ominus}$	159—159,5°	79	*(66)*
C_2H_5	C_2H_5	H	$[\overset{+}{S}(C_2H_5)_2]$ $BF_4^{\ominus}$	Öl	—	*(66)*
C_2H_5	C_2H_5	H	$[\overset{+}{S}(C_2H_5)_2]$ $B(C_6H_5)_4^{\ominus}$	119,5—121,5°	—	*(66)*
C_2H_5	C_2H_5	H	$[\overset{+}{S}(CH_3)(C_2H_5)]$ $BF_4^{\ominus}$	Öl	—	*(66)*
C_2H_5	C_2H_5	H	$[\overset{+}{S}(CH_3)(C_2H_5)]$ $B(C_6H_5)_4^{\ominus}$	115—118°	—	*(66)*

Tabelle 14. *Verbindungen vom Typ* (Strukturformel: Cyclohexadienon-Ring mit X und Y, =S(CH$_3$)$_2$)

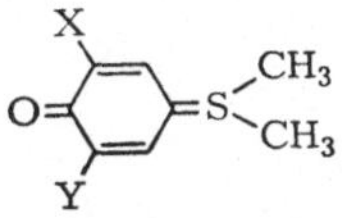

(Dargestellt aus den Salzen durch Einwirkung von Basen.)

X	Y	Fp.	Ausb. %	Literatur
CH_3	Br	187°	—	*(106)*
Br	Br	251—252°	—	*(105)*
CH_3	NO_2	245—246°	80	*(106)*
Br	NO_2	270—271°	75	*(105)*
NO_2	NO_2	263—264°	80	*(105)*

Tabelle 15. *Verbindungen vom Typ* (Strukturformel: Ring mit X, zwei C_6H_5, S(=O)CH_3)

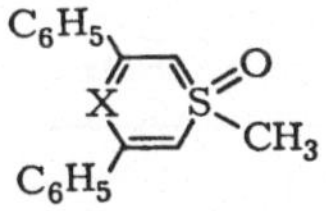

X	Fp.	Ausb. %	Methode	Literatur
CH	147—149°	62	A	*(40)*
N	192	5	B	*(56)*

Methode A = C_6H_5—C≡C—C(=O)—C_6H_5 + (1)

Methode B = C_6H_5CN + (1)

Tabelle 16. *Verbindungen, dargestellt aus* X—C_6H_4—C≡C—$COOC_2H_5$ + (1),

vom Typ $(H_3C)_2SO{=}CH{-}C(CH{-}CO{-}OC_2H_5)(C_6H_4X)$

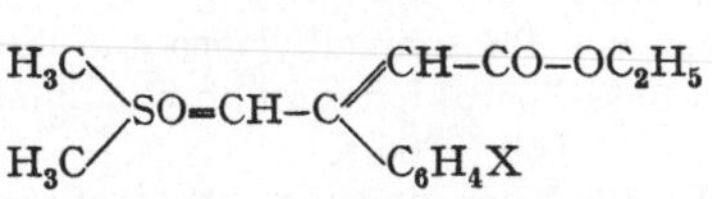

X	Fp.	Ausb. %	Literatur
H	132—133°	71/91	*(52/44)*
p—CH_3	120—121°	86	*(44)*
p—OCH_3	123—124°	62	*(44)*
o—Cl	130—131°	71	*(44)*
m—Cl	112—113°	100	*(44)*
p—Cl	133—134°	87	*(44)*

Tabelle 17. *Verbindungen vom Typ* $\begin{matrix} RN \\ C_6H_5 \end{matrix}\!\!>\!C\!-\!CH\!=\!SO\!<\!\!\begin{matrix} CH_3 \\ CH_3 \end{matrix}$

R	Fp.	Ausb. %	Methode	Literatur
H	119°	40	A	*(60)*
C_6H_5CO	127°	52	B	*(60)*
C_6H_5NHCO	148°	73	B	*(60)*

Methode A = C_6H_5CN + (1)

Methode B = N—Acylierung

Tabelle 18. *Verbindungen, dargestellt aus 2* Mol Acetylencarbonester + DMSO,

vom Typ $\begin{matrix} H_3C \\ H_3C \end{matrix}\!\!>\!S\!=\!C\!<\!\!\begin{matrix} COOCH_3 \\ C(R)\!=\!C(CO_2CH_3)\!-\!CO\!-\!R \end{matrix}$

R	Fp.	Ausb. %	Literatur
H	156°	43	*(103)*
CO_2CH_3	160°	—	*(104)*

Literatur

1. *Albright, J. D.*, and *L. Goldman:* Indole Alcaloids, III. Oxidation of Secondary Alcohols to Ketones. J. Org. Chem. *30,* 1107 (1965).
2. — — Dimethylsulfoxyde-Acid Anhydride Mixtures. New Reagents for Oxidation of Alcohols. J. Am. Chem. Soc. *87,* 4214 (1965).
3. *Behringer, H.*, u. *F. Scheidl:* Neue stabile Schwefel-ylide (Sulfurane) Tetrahedron Letters (London) *22,* 1757 (1965).
4. *Bestmann, H. J.:* Neue Reaktionen von Phosphinalkylenen und ihre präparativen Möglichkeiten. I. Der Säure-Base-Charakter von Phosphoniumsalzen und Phosphinalkylenen. Angew. Chem. *77,* 609 (1965).
5. — Neue Reaktionen von Phosphinalkylenen und ihre präparativen Möglichkeiten. II. Phosphinalkylene und Halogen-Verbindungen. Angew. Chem. *77,* 651 (1965).
6. — Neue Reaktionen von Phosphinalkylenen und ihre präparativen Möglichkeiten. III. Phosphinalkylene und Reagenzien mit Mehrfachbindungen. Angew. Chem. *77,* 850 (1965).

7a. *Bloch, J.-C.:* Progrès récents dans la Chimie des Sulfoxydes et des Ylids du Soufre. Ann. Chim. (Paris) *10,* 419 (1965).

7b. — Progrès récents dans la Chimie des Sulfoxydes et des Ylids du Soufre. Ann. Chim. (Paris) *10,* 432 (1965).

8. *Bly, R. K.*, and *R. S. Bly:* The Preparation and Stereospecific Rearrangement of Spiro-(bicyclo-2.2.1)-hept-2-en-anti-7.2-oxacyclopropane. The Effect of a Nonclassical Intermediate. J. Org. Chem. *28*, 3165 (1963).
9. *Breslow, R.:* On the Mechanism of Thiamine Action. IV. Evidence from Studies of Model Systems. J. Am. Chem. Soc. *80*, 3719 (1958).
10. *Burness, D. M.:* Decarboxylation of Thetin Salts. J. Org. Chem. *24*, 849 (1959).
11. *Caserio, M. C., R. E. Pratt*, and *R. J. Holland:* The Nature of Sulfur Bonding in α, β-Unsaturated Sulfides and Sulfonium Salts. J. Am. Chem. Soc. *88*, 5747 (1966).
12. *Cook, C. E., R. C. Corley*, and *M. E. Wall:* Steroids LXXVI (1). Stereospecific Formation of α- and β-Epoxides in the Reaction of Dimethylsulfonium Methylide and Dimethylsulfoxonium Methylide with Dihydrotestosterone. Tetrahedron Letters (London) *14*, 891 (1965).
13. *Corey, E. J.*, and *M. Chaykovsky:* Dimethyloxosulfonium Methylide and Dimethylsulfonium Methylide. Formation and Application to Organic Synthesis. J. Am. Chem. Soc. *87*, 1353 (1965).
14. —, u. *D. Seebach:* Carbanionen der 1,3-Dithiane. Reagenzien zur C-C-Verknüpfung durch nucleophile Substitution oder Carbonyl-Addition. Angew. Chem. *77*, 1134 (1965).
15. — — Synthese von 1,n-Dicarbonylverbindungen mit Carbanionen der 1,3-Dithiane. Angew. Chem. *77*, 1135 (1965).
16. —, and *M. Chaykovsky:* Dimethylsulfoxonium Methylide. J. Am. Chem. Soc. *84*, 867 (1962).
17. —, and *W. Oppolzer:* Transfer of Alkyl-Substituted Methylenes from Sulfonium Alkylides to Carbonyl Groups. J. Am. Chem. Soc. *86*, 1899 (1964).
18. —, and *M. Chaykovsky:* Concerning the Reaction of Sulfonium Methylides with conjugated Carbonyl Compounds. Tetrahedron Letters (London) *4*, 169 (1963).
19. — — Dimethylsulfonium Methylide, a Reagent for selective Oxirane Synthesis from Aldehydes and Ketones. J. Am. Chem. Soc. *84*, 3782 (1962).
20. — — Formation and Photochemical Rearrangement of β'-Ketosulfoxonium Ylides. J. Am. Chem. Soc. *86*, 1640 (1964).
21. *Diefenbach, H.*, u. *H. Ringsdorf:* Dimethylsulfonium-phenylsulfonyl-vinylsulfonyl-methylid. Angew. Chem. *78*, 1019 (1966).
22. *Diekmann, J.:* Bis(phenylsulfonyl)diazomethane J. Org. Chem. *30*, 2272 (1965).
23. *von Doering, W. E.*, and *K. C. Schreiber:* d-Orbital Resonance. II. Comparative Reactivity of Vinyldimethyl-sulfonium and Vinyltrimethylammonium Ions. J. Am. Chem. Soc. *77*, 514 (1955).
24. *Drefahl, G., K. Ponsold* u. *H. Schick:* Umsetzung von Steroidketonen mit Sulfonium-Yliden. Chem. Ber. *97*, 3529 (1964).
25. *Dyson, N. H., J. A. Edwards*, and *J. H. Fried:* Steroids CCXIX. The Methylenation of Unsaturated Ketones. Part III. The Addition of Dimethyloxosulfonium Methylide to Linear Conjugated Dienones. Tetrahedron Letters (London) *17*, 1841 (1966).
26. *Franzen, V.*, u. *H.-E. Driessen:* Methylenierung mit Sulfonium-Yliden. Tetrahedron Letters (London) *15*, 661 (1962).
27. — — Umsetzung von Sulfonium-yliden mit polaren Doppelbindungen. Chem. Ber. *96*, 1881 (1963).
28. —, *H.-I. Joschek* u. *C. Mertz:* Reaktion von Dehydrobenzol mit Thioäthern. Liebigs Ann. Chem. *654*, 82 (1962).
29. —, u. *C. Mertz:* Zum Mechanismus der Hofmann-Eliminierung bei Sulfoniumsalzen. Chem. Ber. *93*, 2819 (1960).

30. —, *A.-J. Schmidt* u. *C. Mertz:* Carbene aus Sulfoniumsalzen. Chem. Ber. *94*, 2942 (1961).

31. *Gompper, R.*, u. *H. Euchner:* Stabile Schwefel-Ylide. Chem. Ber. *99*, 527 (1966).

32. *Gosselck, J.*, *L. Béress* u. *H. Schenck:* Umsetzung substituierter Vinyl-sulfoniumsalzen mit CH-aciden Verbindungen. Ein neuer Weg zu polysubstituierten Cyclopropanen. Angew. Chem. *78*, 606 (1966).

33. *Haake, P.*, and *W. B. Miller:* A Comparison of Thiazoles and Oxazoles. J. Am. Chem. Soc. *85*, 4044 (1963).

34. *Hellmann, H.*, u. *D. Eberle:* Umsetzungen von Thioäthern mit o-Fluor-phenylmagnesiumbromid. Liebigs Ann. Chem. *662*, 188 (1963).

35. *Hochrainer, A.*, u. *F. Wessely:* Über neue stabile Sulfoniumylide. Tetrahedron Letters (London) *12*, 721 (1965).

36. — — Synthese stabiler Sulfoniumylide. Monatsh. Chem. *97*, 1 (1966).

37. — Darstellung neuer, stabiler Sulfoniumylide. Monatsh. Chem. *97*, 823 (1966).

38. *Holt, B.*, and *P. A. Lowe:* Reaction of Ortho-Hydroxyaldehydes with Dimethylsulphoxonium Methylides. Tetrahedron Letters (London) *7*, 683 (1966).

39. *Horak, V.*, and *L. Kohout:* Diazomethane as an Agent for Sulfonium Ylid Formation. Chem. Ind. (London) *1964*, 978.

40. *Hortmann, A. G.:* Thiabenzenes, A Stable Thiabenzene 1-Oxide. J. Am. Chem. Soc. *87*, 4972 (1965).

41. *Howard, E. G.*, *A. Kotch*, *R. V. Lindsey Jr.*, *R. E. Putnam:* 4-Substituted-2,3, 5-pyrrolidinetriones. J. Am. Chem. Soc. *80*, 3924 (1958).

42. *Hruby, V. J.*, and *A. W. Johnson:* The Decomposition of Sulfur Ylids to Carbenes. J. Am. Chem. Soc. *84*, 3586 (1962).

43. *Huisgen, R.:* 1,3-Dipolare Cycloadditionen. Angew. Chem. *75*, 604 (1963).

44. *Ide, J.*, and *Y. Kishida:* The Formation of some stable Sulfoxonium-Ylides from Acetylenic Compounds and some further Reactions of these stable Ylides. Tetrahedron Letters (London) *16*, 1787 (1966).

45. *Hughes, E. D.*, and *K. I. Juriyan:* Influence of Poles and Polar Linkings on the Course pursued by Elimination Reactions. Part XXII. Stable Derivates of the Tercovalent-carbon Compounds of Ingold and Jessop. J. Chem. Soc. (London) *(1935) 609.*

46. *Ingold, C. K.*, and *J. A. Jessop:* Influence of Poles and Polar Linkings on the Course pursued by Elimination Reactions. Part IX. Isolation of a Substance believed to contain a Semipolar Double Linking with Participating Carbon. J. Chem. Soc. (London) *(1930)* 713.

47a. *Johnson, A. W.:* Ylid Chemistry, p. 304. New York and London: Academic Press 1966.

47b. — Ylid Chemistry, p. 7. New York and London: Academic Press 1966.

48. —, and *R. B. LaCount:* The Chemistry of Ylides. VI. Dimethylsulfonium Fluorenylide — A Synthesis of Epoxides. J. Am. Chem. Soc. *83*, 417 (1961).

49. —, *V. J. Hruby*, and *J. L. Williams:* Chemistry of Ylides. X. Diphenylsulfonium Alkylides — A Stereoselective Synthesis of Epoxides. J. Am. Chem. Soc. *86*, 918 (1964).

50. — Chemistry of Ylids, VIII. Synthesis of Nitrones via Sulfur Ylids. J. Org. Chem. *28*, 252 (1963).

51. —, and *R. T. Amel:* Phenacylidenedimethylsulfurane. Tetrahedron Letters (London) *8*, 819 (1966).

52. *Kaiser, C.*, *B. M. Trost*, *J. Beeson*, and *J. Weinstock:* Preparation of Some Cyclopropanes and Stable Sulfoxonium Ylides from Dimethyl-sulfoxonium Methylide. J. Org. Chem. *30*, 3972 (1965).

53. *Kiji, J.*, and *M. Iwamoto:* Synthesis of Vinylcyclopropane. Tetrahedron Letters (London) *24*, 2749 (1966).

54. *König, H.*, u. *H. Metzger:* Über acylierte Schwefel-ylide. Tetrahedron Letters (London) *40*, 3003 (1964).

55. — — Über Schwefel-Ylide. X. Über neue, stabile Schwefel-Ylide. Chem. Ber. *98*, 3733 (1965).

56. — — Umsetzung von Nitrilen mit Dimethyloxosulfonium-methylid. Z. Naturforsch. *18b*, 976 (1963).

57. — u. *K. Seelert:* Über Schwefel-Ylide. IX. Reaktionen des Dimethyl-oxosulfonium-methylids mit Azomethinen, Azinen, Hydrazonen und Nitrilen. Chem. Ber. *98*, 3724 (1965).

58. — — — Über Schwefel-Ylide. VIII. Umsetzungen des Dimethyl-oxo-sulfonium-methylids mit Olefinen, Aromaten und Alkylierungsmitteln. Chem. Ber. *98*, 3721 (1965).

59. — Unveröffentlichte Versuche, 1964.

60. — Unveröffentlichte Versuche, 1965.

61. —, *H. Metzger* u. *W. Reif:* Belg. Pat. 671 693, Priorität 30. 10. 64.

62. *Krollpfeiffer, F.*, u. *H. Hartmann:* Über die Spaltungen und Umlagerungen von Phenacyl-sulfoniumsalzen. Chem. Ber. *83*, 90 (1950).

63. *Kornblum, N.:* A New and Selective Method of Oxidation. J. Am. Chem. Soc. *79*, 6562 (1957).

64. *Kuhn, R.*, u. *H. Trischmann:* Trimethyl-sulfoxonium-Ion. Liebigs Ann. Chem. *611*, 117 (1958).

65. *Lederer, E.:* Über Ursprung und Funktion einiger Methylgruppen in verzweigten Fettsäuren, in Pflanzensterinen und in Chinonen der Vitamin K- und Ubichinongruppe. Experientia (Basel) *20*, 473 (1964).

66. *Lillya, C. P.*, and *Ph. Miller:* Bis(dialkylsulfonium)methylids. J. Am. Chem. Soc. *88*, 1560 (1966).

66a. *Major, R. T.*, and *H. J. Hess:* Reactions of Organic Halides with Dimethyl sulfoxides J. Org. Chem. *23*, 1563 (1958).

67. *Meerwein, H.*, *K. F. Zenner* u. *R. Gipp:* Über Chlor-dimethyl-sulfoniumsalze. Liebigs Ann. Chem. *688*, 67 (1965).

68. *Metzger, H.*, u. *H. König:* Über stabile Schwefelylide. Z. Naturforsch. *18b*, 987 (1963).

69. —, u. *K. Seelert:* Eine neuartige Synthese von Pyrrolidonen (1). Angew. Chem. *75*, 919 (1963).

70. —, *H. König* u. *K. Seelert:* Methylierungen mit Dimethyl-oxosulfonium-methylid. Tetrahedron Letters (London) *15*, 867 (1964).

71. —, u. *K. Seelert:* Die Umsetzung von Benzalanilin mit Dimethyl-oxo-sulfonium-methylid. Z. Naturforsch. *18b*, 335 (1963).

72. — — Über die Umsetzung von Benzaldazin mit Dimethyl-oxo-sulfonium-methylid. Z. Naturforsch. *18b*, 336 (1963).

73. *Middleton, W. J.*, *E. L. Buhle*, *J. G. McNally*, and *M. Zanger:* S,S-Disubstituted Sulfonium Dicyanomethylides. J. Org. Chem. *30*, 2384 (1965).

74. *Müller, E.*, u. *H. Fricke:* Katalysierte Homologisierung von Benzol mit Diazomethan zum Cycloheptatrien. Liebigs Ann. Chem. *661*, 381 (1963).

75. *Nozaki, H.*, *Z. Morita*, and *K. Kondô:* Stable Sulphur-Ylides from Sulfoxides and Active Methylene Compounds. Tetrahedron Letters (London) *25*, 2913 (1966).

76. —, *K. Kondo*, and *M. Takaku:* A Stable Sulphonium Ylide. Tetrahedron Letters (London) *4*, 251 (1965).

77. *Oda, R.*, *Y. Ito*, and *M. Okano:* Reaction of Ylides with Halocarbenes. Tetrahedron Letters (London) *1*, 7 (1964).

78. *Parham, W. E.*, and *S. H. Groen:* Reaction of Enol Ethers with Carbenes, VI. Allylic Rearrangements of Sulfur Ylides. J. Org. Chem. *30*, 728 (1965).
79. *Pfitzner, K. E.*, and *J. G. Moffatt:* Sulfoxide-Carbodiimide Reactions. Facile Oxidation of Alcohols. J. Am. Chem. Soc. *87*, 5661 (1965).
80. — — Sulfoxide-Carbodiimide Reactions. II. Scope of the Oxidation Reaction. J. Am. Chem. Soc. *87*, 5670 (1965).
81. —, *J. P. Marino*, and *R. A. Olofson:* The Reactions of Phenols with Oxysulfonium Cation. J. Am. Chem. Soc. *87*, 4658 (1965).
82. *Pohl, S., H. J. Law*, and *R. Ryhage:* Path of hydrogen in the formation of cyclopropane fatty acids. Biochim. Biophysica Acta (Amsterdam) *70*, 583 (1963).
83. *Price, C. C.:* Unraveling Sulfur Bonds. Chem. Eng. News *58*, (1964).
84. *Ratts, K. W.*, and *A. N. Yao:* Stable Sulfonium Ylids. J. Org. Chem. *31*, 1185 (1966).
84a. — — Chemistry of Resonance-Stabilized Sulfonium Ylids. J. Org. Chem. *31*, 1689 (1966).
85. *Rothberg, I.:* Mechanisms of α-Elimination. Reactions of Nitrobenzyl'Onium Ions with Aqueous Sodium Hydroxide. J. Am. Chem. Soc. *85*, 1704 (1963).
86. —, and *E. R. Thornton:* Mechanisms of α-Elimination. p-Nitrobenzylsulfonium Ion Reacting with Aqueous Hydroxide. J. Am. Chem. Soc. *86*, 3302 (1964).
87. — — Mechanisms of α-Elimination. m-Nitrobenzylsulfonium, -ammonium and -phosphonium Ions Reacting with Aqueous Hydroxide. J. Am. Chem. Soc. *86*, 3296 (1964).
88. *Searles Jr., S.*, and *R. E. Wann:* Cleavage of a Carbon-Sulfur Bond in a Disulfide by a Carbene Tetrahedron Letters (London) *33*, 2899 (1965).
88a. *Smith, S. G.*, and *S. Winstein:* Sulfoxides as Nucleophiles. Tetrahedron Letters (London) *3*, 317 (1958).
89. *Speziale, A. J., C. C. Tung, K. W. Ratts*, and *A. N. Yao:* Carbonyl-Stabilized Sulfonium Ylids. Reaction with Schiff Bases. J. Am. Chem. Soc. *87*, 3460 (1965).
90. *Swain, C. G.*, and *E. R. Thornton:* Mechanism of α-Elimination by Hydroxide Ion on p-Nitrobenzyl-sulfonium-Ion in Aqueous Solution. J. Am. Chem. Soc. *83*, 4033 (1961).
91. *Thomson, T.*, and *T. S. Stevens:* Degradation of Quarternary Ammonium Salts, Part V. Molecular Rearrangement in Related Sulphur Compounds. J. Chem. Soc. (London) (*1932*) 69.
92. *Traynelis, V. J.*, and *J. V. McSweeney:* Ylide Methylation of Aromatic Nitro Compounds. J. Org. Chem. *31*, 243 (1966).
93. *Trippett, S.:* The Wittig Reaction. Quart. Rev. (London) *17*, 406 (1963).
94. *Trost, B. M.:* Decomposition of Sulfur Ylides. Evidence for Carbene Intermediates. J. Am. Chem. Soc. *88*, 1587 (1966).
95. — An Unusual Aromatic Substitution Reaction. Tetrahedron Letters (London) *46*, 5761 (1966).
96. *Truce, W. E.*, and *V. V. Badiger:* Reaction of Dimethylsulfonium Methylide with Vinylic Sulfones. Formation of Aryl Cyclopropyl Sulfones. J. Org. Chem. *29*, 3277 (1964).
97. —, and *G. D. Madding:* Sulfone-Stabilizied Oxosulfonium Ylides. Tetrahedron Letters (London) *31*, 3681 (1966).
98. *Umano-Ronchi, A., P. Bravo*, and *G. Gaudiano:* The Reaction between Dimethyloxosulfonium Methylide and Benzonitrile Oxide. Tetrahedron Letters (London) *29*, 3477 (1966).
99. *Weygand, F.*, u. *H. Daniel:* Fragmentierung von S-Methyl-thiolanium-jodid mit Phenyllithium zu Äthylen und Methyl-vinyl-sulfid. Chem. Ber. *94*, 3145 (1961).

100. *White, F. G.*, and *L. L. Ingraham:* Mechanism of Thiamine Action: a Model of 2-Acylthiamine. J. Am. Chem. Soc. *84*, 3109 (1962).
101. *Wittig, G.*, u. *H. Fritz:* Tetraphenyl-tellur. Liebigs Ann. Chem. *577*, 39 (1952).
102. —, u. *M. Schlosser:* Phosphinalkylene als olefinbildende Reagenzien. V. Die Zersetzung von Diazoverbindungen in Gegenwart von Triphenylphosphin. Tetrahedron Letters (London) *18*, 1023 (1962).
103. *Winterfeldt, E.*, u. *H.-J. Dillinger:* Addition an die Dreifachbindung. VI. Heterocyclen aus Acetylenverbindungen. Chem. Ber. *99*, 1558 (1966).
104. — Die Reaktion von Acetylendicarbonsäure-dimethylester mit Dimethylsulfoxyd. Chem. Ber. *98*, 1581 (1965).
105. *Zincke, Th.*, u. *W. Glahn:* Über Versuche zur Darstellung chinoider Schwefelverbindungen. Chem. Ber. *40*, 3039 (1907).
106. —, u. *R. Brune:* Über Schwefel-Derivate des o-Kresols.Chem. Ber. *44*, 185 (1911)

Eingegangen am 10. April 1967

Cyclisierungsmechanismen bei der Alkaloid-Biosynthese

Dr. H. W. Liebisch

Institut für Biochemie der Pflanzen der Deutschen Akademie der Wissenschaften zu Berlin, Halle (Saale)

Inhalt

1. Einleitung

Alkaloide werden als stickstoffhaltige basische sekundäre Naturstoffe definiert. Sie gelten als Ausscheidungsprodukte der Pflanze. Der Stickstoff ist in den meisten Fällen heterocyclisch gebunden, denn Cyclisierung und Methylierung erhöhen den Exkretcharakter (*228, 231, 231 a, 290*).

Auf den Zusammenhang zwischen Alkaloidbildung und Stoffwechsel der Aminosäuren wurde bereits um die Jahrhundertwende von *Pictet, Trier, Winterstein* u. a. hingewiesen (*248, 249, 329, 352*). Bahnbrechend waren schließlich die Untersuchungen von *Robinson* und *Schöpf* zur Darstellung heterocyclischer Basen, z. T. unter „zellmöglichen" Bedingungen (*262, 266, 273, 274, 320*).

Heute sind etwa eintausend Alkaloide in ihrer Struktur aufgeklärt, und für viele Verbindungen konnten Biosyntheseexperimente die Herkunft aus Aminosäuren bestätigen (*35, 173, 179, 226, 232, 232 a*). Dabei hat die isotope Markierung der Vorstufen eine entscheidende Rolle gespielt. Die Ergebnisse haben ihrerseits die organische Chemie befruchtet, denn durch „biogeneseähnliche" Synthesen sind eine Reihe N-heterocyclischer Verbindungen präparativ zugänglich geworden (z. B. *45, 104, 320*).

Einige Alkaloide (z.B. Nicotin) kommen im Pflanzenreich weit verbreitet vor. Für chemotaxonomische Festlegungen (*137*) ist es notwendig, den Bildungsweg konvergent auftretender Naturstoffe zu verfolgen, um eine echte Homologie sichern zu können (*227, 229*). Zum Aufbau des Ergolingerüstes werden sowohl von niederen Pilzen als auch von höheren Pflanzen die gleichen Precursoren verwertet (*118*). Die Phenoxazine in Actinomyceten, höheren Pilzen, Flechten und Insekten scheinen einem generellen Bildungsprinzip zu entspringen (s. Kapitel 3.8). Andererseits hat sich gezeigt, daß gleiche Ringsysteme, ja sogar identische Verbindungen, auf völlig verschiedenen Wegen entstehen können (*229*). Darüber hinaus kann eine Pflanze in unterschiedlichen Entwicklungsstadien einen Inhaltsstoff nach verschiedenen Methoden aufbauen (z.B. *17*). Damit kommen in dieser Naturstoffklasse neben der Mannigfaltigkeit an Strukturtypen noch weitere Faktoren hinzu, welche die Variabilität bestimmen (*227*). Bei Biosyntheseuntersuchungen muß deshalb auch den beteiligten Ringschlußmechanismen (*179, 191, 285, 286*) eine zentrale Bedeutung eingeräumt werden.

Im folgenden soll gezeigt werden, daß die Natur nicht nur aus wenigen Bausteinen (Aminosäuren, Essigsäure, Mevalonsäure, C_1-Körper und Ammoniak) sondern auch mit einer geringen Zahl immer wiederkehrender Reaktionstypen den gewaltigen Formenreichtum der heterocyclischen Verbindungen aufbaut.

2. Cyclisierungsmechanismen

Im Zuge der Arbeiten zur Darstellung von Alkaloiden unter „zellmöglichen“ Bedingungen schälten sich folgende charakteristische Reaktionstypen heraus: Aldehydammoniak-Bildung, Aldolkondensation und Mannich-Kondensation. Es ist zu erwarten, daß auch der Alkaloidsynthese in vivo diese Mechanismen zugrunde liegen, die infolge enzymatischer Steuerung zu optisch aktiven Verbindungen führen können.

Die Knüpfung von *Amidbindungen* als Grundlage der Proteinbiosynthese ist in den letzten Jahren gut untersucht worden. Als erster Schritt der Reaktion erfolgt eine Aktivierung der Aminosäure (*60, 240*) durch Adenosintriphosphat (ATP) nach

$$\text{Aminosäure} + \text{ATP} \rightleftharpoons \text{Aminosäure-AMP} + \text{Pyrophosphat}$$

In Form dieses gemischten Anhydrids ist die Carboxylgruppe reaktionsfähig und kann sich an die Aminogruppe einer anderen Aminosäure anheften. Ausgehend von Dipeptiden könnten sich die cyclischen Anhydride gleicher oder verschiedener Aminosäuren (Diketopiperazine) bilden.

Als Stoffwechselprodukte von Mikroorganismen sind Diketopiperazine häufig anzutreffen. Sie werden z. T. oxydativ weiter verändert aber offenbar nicht enzymatisch gespalten (*166*).

Die Aktivierung der Carboxylgruppe kann auch durch Coenzym A (z. B. Acetyl–CoA, s. Schema 46) oder durch einen Phosphatrest (z. B. Carbamylphosphat, s. S. 548) erfolgen. Säureamide und Lactame sind als Zwischenprodukte bei der Bildung verschiedener N-heterocyclischer Verbindungen anzusehen. In einigen Fällen wird die Sauerstoffunktion in Nachbarstellung zum Stickstoff erst nachträglich eingeführt, wie das z. B. für die Biosynthese des Lupanins aus Spartein gesichert ist (*289*). Durch Spaltung von Lactambindungen ist andererseits die Möglichkeit zu Ringöffnungen und sekundären Umlagerungen gegeben. Die Carboxylgruppe ist in der Lage, an 2 Heteroatomen gleichzeitig anzugreifen. Dabei können Oxazol- und Thiazolringe aufgebaut werden, wie die Strukturen einiger mikrobieller Stoffwechselprodukte zeigen (s. S. 551).

Die spontane Bildung von *Azomethinen* (*Schiffschen Basen*), z. B. I, aus Amino- und Carbonylverbindungen ist häufig zu beobachten. Es kann zwischen intramolekularen (z. B. die Δ^1-Piperideincarbonsäuren, s. S. 543) und intermolekularen Azomethinbindungen (z. B. beim Aufbau des Porphobilinogens aus zwei Molekülen δ-Aminolävulinsäure (*61*, *263*)), unterschieden werden. Der Reaktionsmechanismus ist an der Kondensation von Aminosäuren mit Pyridoxalphosphat eingehend studiert worden (*218*). Die leichte Spaltung der Azomethinbindung ist in vielen Fällen die Ursache zu sekundären Umwandlungen von Alkaloiden (z. B. bei der Bildung von Chinolin- und Indolalkaloiden aus Tryptophan in Cinchona und Calycanthus, s. Schemata 36, 37).

Schiffsche Basen, wie Δ^1-Piperidein (I), werden durch Quarternisierung (z. B. II) stärker polarisiert und damit reaktionsfähiger. Im neutra-

H_2N O ⇌ I Δ^1-Piperidein → II (N⊕, R) → III (N, R, OH)

II + COOH–CH_2–CO–CH_3 → IV; III → IV

IV Isopelletierin R = H

Schema 1. Die Bildung von Alkaloiden über Aldehydammoniake oder quarternisierte Azomethine

len und sauren Milieu gehen sie in Carbinolamine (Aldehydammoniake, z.B. III) über. Diese Pseudobasen werden bei vielen Synthesen unter zellmöglichen Bedingungen als Intermediäre angenommen (*276*) (z.B. für IV), weil sie nach Schema 1 einen Angriffspunkt für nucleophile Substituenten entsprechend einer Mannich-Kondensation bieten (s. Schema 1).

Als Aldehydanaloges kann die quartäre Base II aber auch direkt in einer Aldolkondensation zu IV reagieren. Sowohl bei den Synthesen unter zellmöglichen Bedingungen als auch bei der Biosynthese der Alkaloide in vivo kann derzeit nicht unterschieden werden, welchem Reaktionstyp die Bildung folgt (Schema 1).

Bei der Mannich-Kondensation (*138, 139, 258*) steht eine Carbonylgruppe zwei nucleophilen Reaktionspartnern gegenüber. Für eine Umsetzung im Sinne der Aminomethylierung nucleophiler Verbindungen muß das Amin stärker nucleophil sein als die acide CH-Gruppierung. Im Stoffwechsel sind geeignete β-substituierte Äthylamine (z.B. V), wie Tyramin oder Tryptamin, als nucleophile Reaktionspartner von Aldehyden anzusehen, die in einer Mannich-Reaktion zu Isochinolinen und Carbolinen kondensieren können. Diese Umsetzung wird in Schema 2 verdeutlicht. Über den ersten Schritt der Kondensation ist noch nichts bekannt, und da ausgehend von Säureamiden des Typs VI in einer Bischler-Napieralski-Reaktion (*347*) das gleiche Endprodukt (VII) erreicht wird, wäre auch dieser alternative Mechanismus zu diskutieren. Zu dem gleichen Ergebnis kommt man in einer Umsetzung nach *Pictet-Spengler* (*346*). Im folgenden wird im allgemeinen von einer Mannich-Kondensation gesprochen, ungeachtet desssen, ob die Umsetzung auch wirklich diesem Reaktionstyp folgt.

In einer Robinson-Schöpf-Reaktion gelang auch die Darstellung von bicyclischen Alkaloiden aus Dialdehyden, Methylamin und Acetondicarbonsäure (*262, 278*). Die Umsetzung von cis-Cyclopentan-1,3-dialdehyd unter gleichen Bedingungen ergab ein tricyclisches Aminoketon, dessen stereochemische Untersuchung den Mechanismus einer doppelten Mannich-Kondensation rechtfertigt (*244*). Die Mannich-Kondensation ist damit der Cyclisierungsmechanismus, durch den die Brücke von den biogenen Aminen (Protoalkaloide) zu den echten Alkaloiden geschlagen wird. Es muß überraschen, daß nur wenige Basen bekannt sind, welche durch Kondensation mit kleinen Bausteinen, wie Acetaldehyd oder Formaldehyd, entstehen.

Nach den genannten Prinzipien dürfte ein Großteil der N-heterocyclischen Verbindungen aufgebaut werden. Mit den Reaktionen am Stickstoff allein läßt sich die Vielfalt der Alkaloidstrukturen aber nicht erklären. Man muß zusätzlich mit sekundären Cyclisierungen, Ringspaltungen und Umlagerungen rechnen.

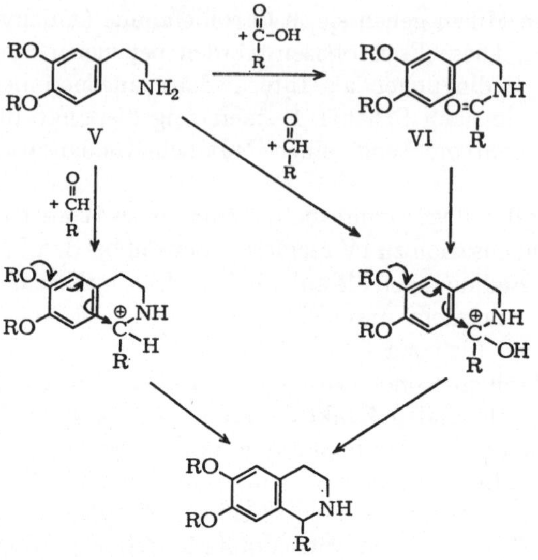

Schema 2. Die Bildungsmechanismen des Isochinolins

Sekundäre Cyclisierungen, d.h. Ringschlüsse, die nicht unter Beteiligung des Stickstoffs ablaufen, sind bei oxydativen Kupplungen (Phenoloxydation) zu beobachten.

Seit den Untersuchungen über Pummerers Keton (*257*) hat die Phenoloxydation eine breite präparative Anwendung gefunden und dürfte auch bei der Bildung vieler Naturstoffe in vivo zur Anwendung kommen (*25, 69, 133, 189, 190, 235, 338*). Im Vergleich zu den Alkylradikalen besitzen die stark gefärbten Phenolradikale eine längere Lebensdauer.

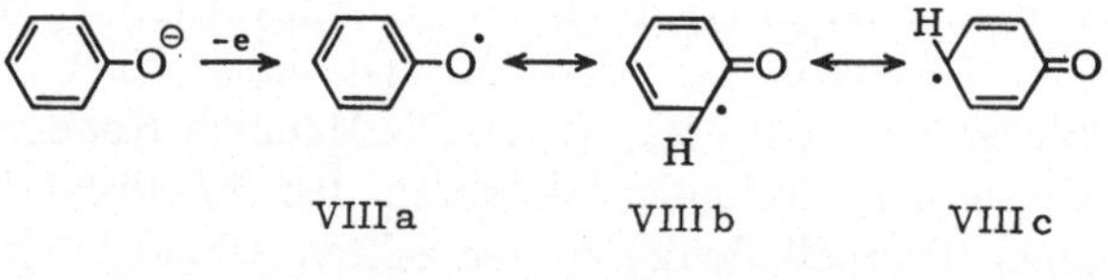

Schema 3. Die Bildung freier Radikale aus Phenol durch Entfernung eines Elektrons

Die Stabilisierung der mesomeren Radikale VIIIa, VIIIb und VIIIc (s. Schema 3) kann in üblicher Weise erfolgen. Von besonderer Bedeutung für Biosynthesemechanismen sind die Reaktionen mit polarisierten Doppelbindungen (s. S. 571) oder mit Radikalen gleicher Art (Radikalpaarung, s. S. 565). Dadurch ist die Knüpfung von C–C-, C–N- oder C–O-Bindungen möglich, wobei der nucleophile Substituent in ortho-

oder para-Stellung zum phenolischen Hydroxyl angreifen kann. Wenn geeignete Reaktionspartner vorliegen, erzielt man eine Cyclisierung, wie das z.B. für die Isochinolinalkaloide typisch ist (s. Kapitel 3.5).

Ringspaltungen sind bereits aus dem Grundstoffwechsel bekannt, z.B. beim oxydativen Abbau des Tryptophans zu Kynurenin (*218*) oder von 3-Hydroxyanthranilsäure zu α-Amino-β-carboxymuconsäuresemialdehyd (s. S. 550). Heterocyclische Ringe lassen sich zwischen C—C, C—N und C—O aufbrechen.

Die „Woodward-Spaltung" einer aromatischen Bindung in Nachbarschaft zu einer phenolischen Hydroxylgruppe (*355*) schien hervorragend geeignet, die Biosynthese einer Reihe komplizierter Strukturen zu erklären, z.B. bei den Erythroidinen (*265*), Protoemetinen (*264*, *355*), Betacyanen (*356*), Salamander- (*275*), China- (*355*) und Indolalkaloiden (*354*). In vielen Fällen hat sich die Theorie nicht bestätigen lassen. Die Mannigfaltigkeit der China- und Indolbasen hat ihre Ursache in einer Spaltung bereits auf der Stufe des monoterpenoiden Precursors (s. Schema 35). Ebenso wie die Synthesen unter „zellmöglichen" Bedingungen so können auch Abbaumechanismen in vitro die Biosyntheseuntersuchungen befruchten. Bei den Chinolizidinalkaloiden konnte durch eine Fragmentierungsreaktion (*62*) des Hydroxylupanin-tosylesters (X, R = Tosyl) zu Angustifolin (XII) und Tetrahydrorhombifolin (XIII) die Hypothese gefestigt werden, daß die ringoffenen Basen aus den tetracyclischen Verbindungen entstehen. Dieses Ergebnis läßt sich mit der Biosynthese des Cytisins (XI) aus Spartein (IX) in Einklang bringen (*289*, s. Schema 4).

I ⟶ IX Spartein ⟶ X Hydroxylupanin (R = OR)

Δ^1-Piperidein

IX Spartein —in vivo→ XI Cytisin

X Hydroxylupanin, R = H —in vitro und in vivo→ XII Angustifolin

X Hydroxylupanin, R = H → XIII Tetrahydrorhombifolin

Schema 4. Fragmentierungen von Chinolizidinalkaloiden in vivo und in vitro

Die C—N-Bindungen lassen sich besonders leicht in Azomethinen und Lactamen spalten. Weitere Beispiele für die Öffnungen eines Ringes am Stickstoff sind bei der Biosynthese der Benzylisochinolin- (s. Schemata 27, 29), Amaryllidaceen- (s. S. 574) und der Indolalkaloide (s. S. 580, 581) angegeben. Eine leichte Spaltung von C—O-Bindungen in Lacton-, Acetal- und Halbacetalgruppierungen ist verschiedentlich beobachtet worden.

Der Aufsprengung eines Ringes folgt meist eine innermolekulare Umlagerung und Recyclisierung. Dabei wurden auch Ringverengungen unter Eliminierung von C- und N-Atomen (z. B. beim Übergang Cyclopenin → Viridicatin, s. Schema 43) beobachtet. Bei der Biosynthese der Benzylisochinolinalkaloide treten intermediär 4,4-disubstituierte alicyclische Dienole und Dienone auf, die sich in einer Dienol-Benzol- (*252*) oder Dienon-Phenol-Umlagerung (*18*) zu 1,2-disubstituierten Aromaten stabilisieren können (s. S. 569). Die Dienol-Benzol-Umlagerung wird durch Wasserabspaltung aus der protonisierten Verbindung XIV eingeleitet. Das entstehende Carbeniumion existiert in den mesomeren Grenzformen XVa und XVb. Die Stabilisierung dieses Kations erfolgt durch Wanderung eines Substituenten an das C-2 (XVI) und Abspaltung des Protons zum aromatischen XVII.

R R, $H_2\overset{\oplus}{O}$ H — XIV → [R R, ⊕ H — XV a ⟷ R R ⊕ H — XV b → R ⊕ R H — XVI] → R R — XVII

Schema 5. Der Mechanismus der Dienol-Benzol-Umlagerung

Diese Umlagerungen sind hinsichtlich der Überführung von Prephensäure in Phenylbrenztraubensäure (*250*) und der Aromatisierung des Ringes A in den Steroiden gut untersucht.

3. Die Aminosäurefamilien und ihre Cyclisierungsprodukte

3.1 Ornithin und Lysin

Die beiden Diaminomonocarbonsäuren Ornithin (XVIII) und Lysin (XXXIV) sind ohne Änderung ihrer chemischen Struktur praktisch nicht zur Cyclisierung befähigt. Der Organismus besitzt jedoch Fermentgarnituren, die strukturelle Veränderungen vornehmen, so daß sie als Precursoren des Pyrrolidin- bzw. Piperidinringes dienen können. Beide Aminosäuren müssen im Zusammenhang mit ihren Vorstufen Glutaminsäure (XIX) und α-Aminoadipinsäure (XXXIII) gesehen werden. In Schema 6 wird ein Überblick über den Stoffwechsel des Ornithins

(XVIII) gegeben. Am besten untersucht sind die zum Prolin (XXIII) führenden Reaktionsschritte und die beteiligten Fermentsysteme (*101, 209, 218*). Die Biosynthese dieser cyclischen Iminosäure wird durch die

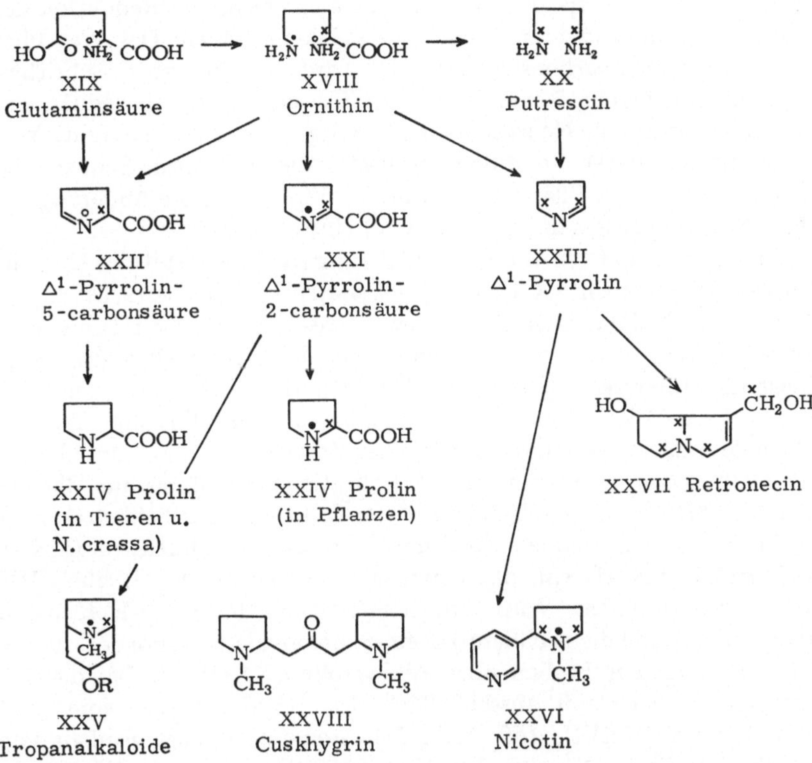

Schema 6. Die Biosynthese des Pyrrolidinringes aus Ornithin-[2-^{14}C, α-^{15}N] und Ornithin-[2-^{14}C, δ-^{15}N]

Reduktion der γ-Carboxylgruppe der Glutaminsäure eingeleitet. Dabei entsteht Glutaminsäure-γ-semialdehyd, der spontan zu Δ^1-Pyrrolin-5-carbonsäure (XXI) cyclisieren kann. Einzelheiten über diesen Reaktionsschritt sind noch nicht bekannt. Man sollte annehmen, daß die Glutaminsäure zuerst in eine „aktivierte" Form übergeht. γ-Phosphorylglutaminsäure ist jedoch als Zwischenprodukt nicht denkbar, weil sie leicht den Ring zur 5-Pyrrolidon-2-carbonsäure schließt (*210*).

In *Neurospora crassa* führt die enzymatisch katalysierte Oxydation von γ-Hydroxy-α-aminovaleriansäure zum Glutaminsäuresemialdehyd. Ornithin (XVIII) kann auf zwei verschiedenen Wegen über Aminocarbonylverbindungen in Pyrrolincarbonsäuren überführt werden. Unter

Verlust der δ-Aminogruppe durch Transaminasen aus Neurospora oder eine pflanzliche Aminoxydase entsteht Glutaminsäuresemialdehyd bzw. Δ^1-Pyrrolin-5-carbonsäure (XXI). Die isomere Δ^1-Pyrrolin-2-carbonsäure (XXII) ist enzymatisch aus Ornithin über δ-Amino-α-ketovaleriansäure zugänglich. Es gibt spezielle Enzymsysteme, welche die Reduktion der Pyrrolincarbonsäuren zum Prolin (XXIV) katalysieren. Der Weg über die Δ^1-Pyrrolin-2-carbonsäure (XXII) wird in Pflanzen beschritten, während Δ^1-Pyrrolin-5-carbonsäure (XXI) das Zwischenprodukt der Prolinbiosynthese in Neurospora und in Rattenorganen darstellt. Versuche mit markierten Vorstufen bestätigten die angegebene Sequenz. So können z.B. Datura-Pflanzen Ornithin-[2-^{14}C, δ-^{15}N] ohne Änderung des ^{14}C,^{15}N-Verhältnisses in Prolin (XXIV) einbauen (*196*).

Bei der enzymatischen Decarboxylierung (*134*) des Ornithins entsteht das Diamin Putrescin (XX). Diaminoxydasen können dieses Diamin in Δ^1-Pyrrolin (XXIII) überführen. Sowohl Δ^1-Pyrrolin (XXIII) als auch die beiden Δ^1-Pyrrolincarbonsäuren (XXI und XXII) stellen sehr reaktionsfähige Intermediäre dar. Ausgehend von diesen Verbindungen kann man sich die Biosynthese der Pyrrolidin-, Pyrrolizidin- und Tropanalkaloide erklären. Welches der möglichen Zwischenprodukte durchlaufen wird, läßt sich an Verwertung und Lokalisation der Isotopen im Alkaloid nach Verabreichung spezifisch markierter Ornithine entscheiden. Schlägt die Biosynthese die Sequenz Ornithin-[2-^{14}C, α-^{15}N] → Putrescin (XX) → Δ^1-Pyrrolin (XXIII) ein, dann müssen sich sowohl ^{14}C als auch ^{15}N gleichmäßig verteilen. Wird Ornithin-[2-^{14}C, δ-^{15}N] am α-Kohlenstoff transaminiert und die gebildete α-Keto-δ-aminovaleriansäure decarboxyliert, so erfolgt der Einbau über Δ^1-Pyrrolin (XXIII), wobei der heterocyclische Stickstoff ausschließlich der δ-Aminogruppe entstammt (z.B. Nicotin (XXVI), *169, 183*). Ein stereospezifischer Einbau von Ornithin-[2-^{14}C, δ-^{15}N] muß über Δ^1-Pyrrolin-2-carbonsäure (XXII) verlaufen, z.B. bei Prolin (XXIV) in Pflanzen (*196*) und Hyoscyamin (XXV, R = Tropyl) (*174, 196*). Auch das Pyrrolidinalkaloid Cuskhygrin (XXVIII) leitet sich vom Ornithin ab (*195*). Über die Herkunft des Stickstoffs bei der Biosynthese von Pyrrolizidinalkaloiden aus Ornithin liegen noch keine Hinweise vor. Die Verteilung des Radiokohlenstoffs deutet auf ein symmetrisches Intermediäres hin (z.B. Retronecin (XXVII), *65*). In Schema 6 wird ein Überblick über die vorliegenden Ergebnisse bei der Biosynthese des Pyrrolidinringes gegeben, in Schema 8 entsprechendes für den Piperidinring.

Die Stereospezifität der Inkorporierung von Isotopen könnte auch durch N-substituierte Zwischenprodukte beeinflußt werden, doch liegen noch keine sicheren Hinweise über den Zeitpunkt der Methylierung vor. Tracerversuche mit doppeltmarkiertem N-Methylputrescin und den isomeren N-Methylornithinen weisen auf die Beteiligung dieser Verbindungen bei der Biosynthese von Nicotin (XXVI) (*287, 294*) und Tropanalkaloiden (XXX) hin (*192, 237, 288*).

Von proteingebundenem Prolin gelangt man durch direkte Hydroxylierung zum Hydroxyprolin. In einem alternativen Biosyntheseweg wird freies Hydroxyprolin aus γ-Hydroxyglutaminsäure aufgebaut. In Tieren und Mikroorganismen entsteht nach Schema 7 aus erythro-γ-Hydroxy-L-glutaminsäure (XXIX) 4-Hydroxy-L-prolin (XXX), analog könnte in Pflanzen aus threo-γ-Hydroxy-L-glutaminsäure (XXXI) Allo-4-hydroxy-L-prolin (XXXII) gebildet werden (*101*).

COOH–HCOH–CH_2–$HCNH_2$–COOH ⟶ CHO–HCOH–CH_2–$HCNH_2$–COOH ⟶ [Ring: H, OH, COOH, N–H, H]

XXIX erythro-γ-Hydroxy-L-glutaminsäure — XXX 4-Hydroxy-L-prolin

COOH–HOCH–CH_2–$HCNH_2$–COOH ⟶ CHO–HOCH–CH_2–$HCNH_2$–COOH ⟶ [Ring: OH, H, COOH, N–H, H]

XXXI threo-γ-Hydroxy-L-glutaminsäure — XXXII Allo-4-Hydroxy-L-prolin

Schema 7. Die Bildung der stereoisomeren Hydroxyproline aus den entsprechenden γ-Hydroxyglutaminsäuren

Mit anderen Aminosäuren kann Prolin Diketopiperazine bilden, z.B. L-Leucin-L-Prolinanhydrid (LXV, s. S. 555), den Peptidteil des Ergotamins (LXXX, s. S. 558) usw.

Prinzipiell ähnliche Verhältnisse trifft man beim Stoffwechsel von α-Aminoadipinsäure (XXXIII) und Lysin (XXXIV) an (*101, 209, 218*), den höheren Homologen von Glutaminsäure (XIX) und Ornithin (XVIII). In allen Fällen erfolgt die Cyclisierung durch Ausbildung reaktionsfähiger intramolekularer Azomethine (Schema 8). Zum α-Aminoadipinsäure-semialdehyd, der mit Δ^1-Piperidein-6-carbonsäure (XXXV) im nichtenzymatischen Gleichgewicht steht, kommt man durch Reduktion von α-Aminoadipinsäure (XXXIII). Diese Reduktion wird enzymatisch gesteuert und verläuft über „aktivierte α-Aminoadipinsäure". Durch ε-Desaminierung von Lysin (XXXIV) ist α-Aminoadipinsäuresemialdehyd ebenfalls zugänglich. Lysin kann aber auch in α-Stellung desaminiert werden und über ε-Amino-α-ketocapronsäure spontan zu Δ^1-Piperidein-2-carbonsäure (XXXVI) cyclisieren. Cadaverin (XXXVIII), das Decarboxylierungsprodukt des Lysins (XXXIV), wird unter Einwirkung von Diamonoxydasen über δ-Aminovaleraldehyd in Δ^1-Piperidein (I) überführt.

Von diesen reaktionsfähigen cyclischen Azomethinen gelangt man zu einigen Piperidinbasen. Welches der Intermediäre bei der Biosynthese aus Lysin durchlaufen wird, läßt sich durch Bestimmung der Position des markierten Atoms im Alkaloid ermitteln (Schema 8). So wird z.B. Lysin-[2-^{14}C,ε-^{15}N] von Rattengeweben ohne Änderung des ^{14}C : ^{15}N-Verhältnisses in Pipecolinsäure (XXXVII) eingebaut (*269*). Das spricht für Δ^1-Piperidein-2-carbonsäure (XXXVI) als Zwischenprodukt. Für die Biosynthese der Pipecolinsäure (XXXVII) in Phaseolus wird vorwiegend der α-Stickstoff verwertet, d.h. der Einbau muß über Δ^1-Piperidein-6-carbonsäure (XXXV) vonstatten gehen (*296*). Die stereospezifische Inkorporation von Lysin-[2-^{14}C,ε-^{15}N] in Anabasin (XXXIX) deutet auf Δ^1-Piperidein-2-carbonsäure (XXXVI) als Zwischenprodukt hin (*182*). Bei der Desaminierung von Cadaverin-[1,5-^{14}C] mit Diaminoxydasepräparationen aus Erbsenkeimlingen kann ebenfalls Anabasin (XXXIX) entstehen. Die Radioaktivitätsverteilung ergab, daß beide Ringe über Δ^1-Piperidein (I) und Tetrahydroanabasin (XL) entstanden sein müssen (*233*). Interessanterweise ist diese Anabasinsynthese aus zwei Molekülen Cadaverin weder in Nicotiana glauca noch in Anabasis aphylla realisiert. In beiden Species stammt nur der Piperidinring aus dem Cadaverin (*170, 294a*). Die Dimerisierung von Δ^1-Piperidein (I) zu Tetrahydroanabasin (XXXIX) scheint aber der normale Biosyntheseweg zu den Tetrahydroanabasinalkaloiden, z.B. Adenocarpin (XLI), zu sein (*291*). Wenn man die leichte Dimerisierung und Polymerisierung des Δ^1-Piperideins (I) berücksichtigt und weiterhin betrachtet, daß Diaminoxydasen, die vom Cadaverin zu dieser cyclischen Base führen, weit verbreitet sind, dann ist es überraschend, daß Tetrahydroanabasinalkaloide einerseits sehr selten vorkommen und andererseits andere Lysinalkaloide, wie Anabasin sowie Lobelia- und Sedumbasen, nicht begleiten. Die Stufe des Cadaverins (XXXVIII) und Δ^1-Piperideins (I) muß bei der Biosynthese der Lupinenalkaloide (z.B. Lupinin (XLII)) aus Lysin durchlaufen werden (*292*), weil sich ^{14}C und ^{15}N symmetrisch verteilen (*289*). Bei der Bildung von Sedum- und Lobeliaalkaloiden fehlen Hinweise über die Herkunft des heterocyclischen Stickstoffs. Die Lokalisation des Radiokohlenstoffs im Lobinalin (XLIII) deutet auf ein symmetrisches Intermediäres hin nach Verabreichung von Lysin-[6-^{14}C) (*126*), während der

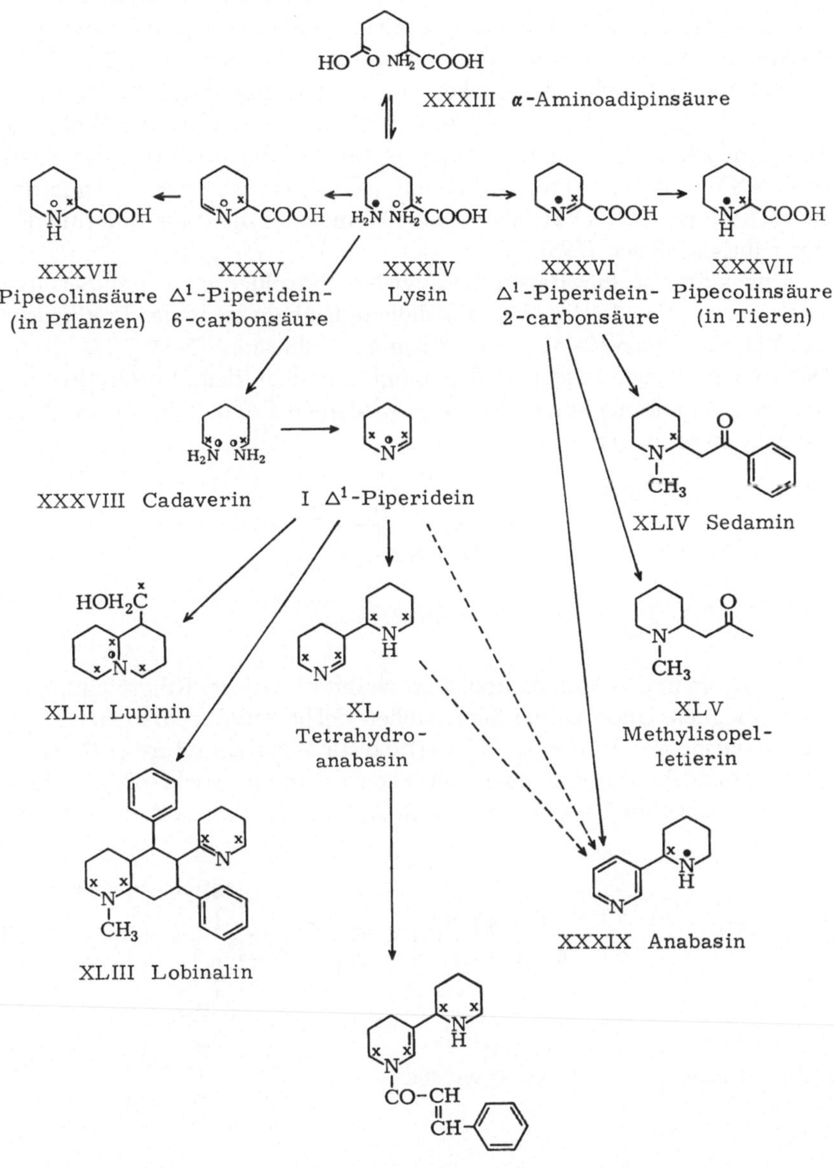

Schema 8. Die Biosynthese des Piperidinringes aus Lysin-[2-^{14}C, α-^{15}N] bzw. Lysin-[2-^{14}C, ε-^{15}N]

Einbau in das Sedamin (XLIV) asymmetrisch (*127*) erfolgt. Die Basen aus Punica granatum (z.B. Methylisopelletierin XLV) entstehen aus Precursoren der Lysinfamilie (*193*); auch für die Ormosia- und Lythraceen-Alkaloide wird ein ähnlicher Bildungsweg angenommen (*92, 349*).

Trotz struktureller Ähnlichkeit der Stoffwechselprodukte der Ornithin- und Lysinfamilie gibt es auch auffällige Unterschiede. Während z.B. Prolin (XXIV) als guter Precursor für den Pyrrolidinring des Nicotins (XXVI) und der Tropanalkaloide (XXV) erkannt wurde, kann die Pipecolinsäure (XXXVII) als höheres Homologes nicht als Vorstufe der Punicabasen dienen (*193*).

Ungeklärt ist die Biosynthese vieler Pyrrolderivate. Bei Serratia marcescens erzielt Prolin-[^{14}C] eine höhere Einbaurate in das Prodigiosin (XLVI) als Glycin-[2-^{14}C] oder δ-Aminolävulinsäure-[5-^{14}C] (*61, 302*). Dadurch läßt sich zeigen, daß Prodigiosin nicht dem Porphyrinstoffwechsel entstammen kann; allerdings wird auch Prolin nicht als intaktes Molekül inkorporiert.

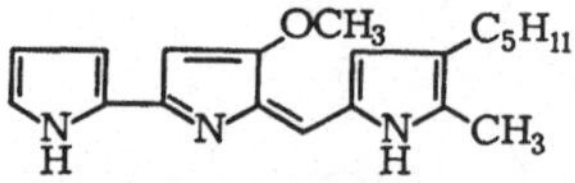

OCH_3 C_5H_{11} N H N N H CH_3

XLVI Prodigiosin

Bei Lysin und α-Aminoadipinsäure sind noch weitere Ringschlußreaktionen möglich. Diese Aminosäuren stellen viel bessere Precursoren für den 4-Pyridonring des Mimosins (XLVII) dar als Asparaginsäure (*147, 326*). Es ist anzunehmen, daß auch der heterocyclische Stickstoff auf dem Lysinweg eingebracht wird, weil nach Applikation von α-Aminoadipin-

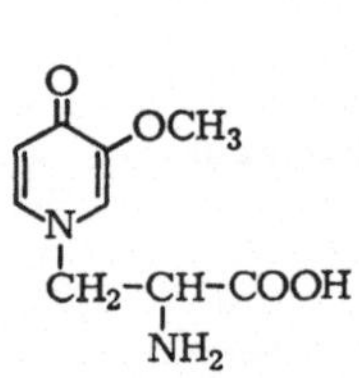

O OCH_3 N CH_2-CH-COOH NH_2

XLVII Mimosin

O OH N H

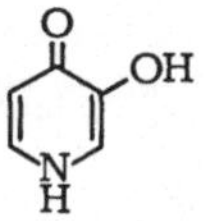

XLVIII 3-Hydroxy-4-pyridon

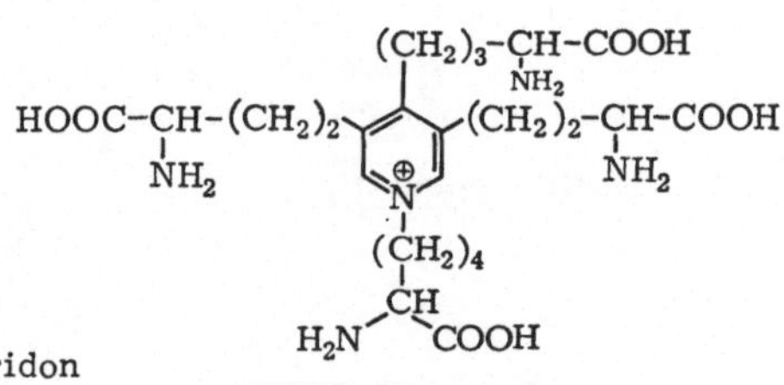

$(CH_2)_3$-CH-COOH NH_2 HOOC-CH-$(CH_2)_2$ NH_2 $(CH_2)_2$-CH-COOH NH_2 N⊕ $(CH_2)_4$ CH H_2N COOH

XLIX Desmosin

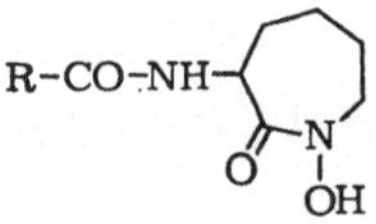

R-CO-NH N O OH

L

H O N N HO O

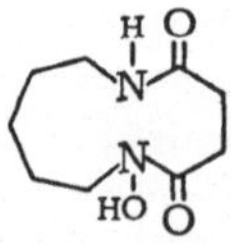

LII Nocardamin

säure-[6-^{14}C] markiertes 3-Hydroxy-4-pyridon (XLVIII) entstand (*326*). Aus vier Lysin-Einheiten werden Desmosin (XLIX) und Isodesmosin (*8, 219, 246*) wahrscheinlich in einer Folge von Aldol- und Azomethinkondensationen aufgebaut.

In den strukturähnlichen Mycobactinen (z.B. L) ist ein 3-Aminoazepin amidartig an einen Säurerest gebunden (*306, 307*). Der heterocyclische Siebenring könnte auf eine ε-Lactambildung des Lysins (XXXIV) zurückzuführen sein.

Das Nocardamin (LII) aus Nocardia-Arten (*220, 315*) ist als das cyclische Diamid der Bernsteinsäure mit Cadaverin (XLV) anzusehen, das durch nachträgliche Oxydation eine Hydroxylaminfunktion erhielt.

3.2 Asparaginsäure

Die Asparaginsäure (LII) ist am Aufbau wichtiger Naturstoffe beteiligt, z.B. den Pyrimidinen (wie Orotsäure LXI) und der Nicotinsäure (LXIV). Ob hinsichtlich der Ausbildung heterocyclischer Ringsysteme im Stoffwechsel der Asparaginsäure gewisse Parallelen zu dem seiner höheren Homologen Glutaminsäure (XIX) und α-Aminoadipinsäure (XXX) bestehen, ist derzeit noch nicht völlig geklärt. Bei der Ringspannung, die einem viergliedrigen Heterocyclus eigen ist, scheint es sehr fraglich, ob sich aus Asparaginsäure (LII) oder α,γ-Diaminobuttersäure (LIII) die Δ^1-Dehydroacetidincarbonsäuren (LIV und LV) über die entsprechenden Aminocarbonylverbindungen bilden können. Für Acetidin-2-carbonsäure

LII Asparaginsäure — LIV Δ^1-Dehydroacetidin-4-carbonsäure — LVI Acetidin-2-carbonsäure — LVII S-Adenosylmethionin — LIII α, γ-Diaminobuttersäure — LV Δ^1-Dehydroacetidin-2-carbonsäure

Schema 9. Die Biosynthese von Acetidincarbonsäure

(LVI) ließ sich dieser Biosyntheseweg nicht realisieren, während S-Adenosylmethionin-[1-^{14}C] (LVII) von Convallaria majalis nach Schema 9 in diese Iminosäure eingebaut wurde (*175*).

Die Pyrimidinbiosynthese (Schema 10) wird durch den Angriff von Carbamylphosphat (LVIII) auf die Aminogruppe der Asparaginsäure (LII) eingeleitet. Das gebildete Intermediäre LIX steht im Gleichgewicht mit der cyclischen Form, der Dihydroorotsäure (LX). Die Bildung dieses Ringsystems ist einer Diketopiperazinbildung vergleichbar. Unter dem Einfluß eines Flavinproteins entsteht durch Dehydrierung die Orotsäure (LXI). Nach Überführung in das Nucleotid entsteht unter Abspaltung von CO_2 Uridin-5'-phosphat, aus dem die anderen Pyrimidinbasen hervorgehen können, die an der Ausbildung der Nucleinsäuren beteiligt sind.

Am Aufbau des Pyrimidinbausteines in Thiamin (LXXX, s. S. 552) ist Asparaginsäure ebenfalls beteiligt, doch liegt ein anderer Cyclisierungsmechanismus vor (*327a*). Für diejenigen Pyrimidine, die als Intermediäre der Pterinbiosynthese angenommen werden müssen, diskutiert man eine Biosynthese aus präformierten Purinbausteinen (s. Kapitel 3.8).

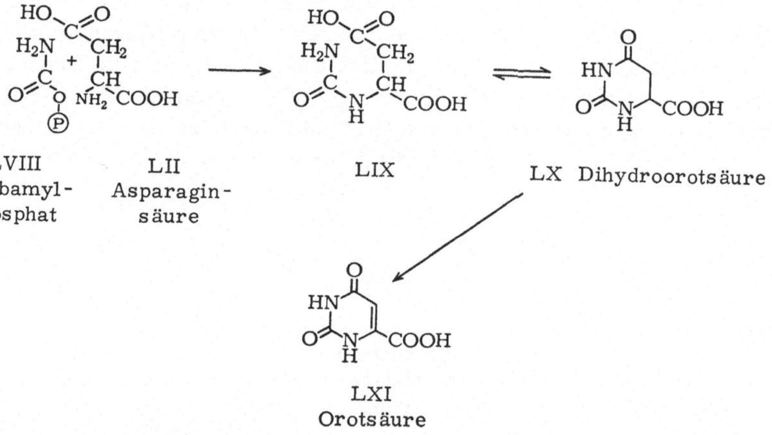

LVIII Carbamylphosphat — LII Asparaginsäure — LIX — LX Dihydroorotsäure — LXI Orotsäure

Schema 10. Die Cyclisierung von Asparaginsäure mit Carbamylphosphat bei der Biosynthese der Pyrimidinbasen

Carbamylphosphat scheint für die Ausbildung der –NH–CO–NH-Gruppierung prädestiniert zu sein. Nachdem 7-Keto-8-aminopimelinsäure in einem biotinfreien Stamm von Bacillus cereus nachgewiesen werden konnte (*149*), darf man annehmen, daß der Imidazolidonring des Biotins aus Carbamoylphosphat und der aliphatischen Säure entsteht.

In Bakterien und höheren Pflanzen bilden sich die Nicotinsäure (LXIV) und ihre Abkömmlinge (*337*) aus Asparaginsäure (LII) und einem C_3-Körper wie Glycerin. Der erste Schritt sollte die Knüpfung einer C–N-Bindung sein. Das könnte durch Ausbildung einer Schiffschen Base (LXIII) zwischen der Aminogruppe und Glycerinaldehyd (LXII) geschehen (s. Schema 11).

LXII Glycerinaldehyd + LII Asparaginsäure → LXIII

LXIII → LXIV Nicotinsäure

LXIV → CXIII Halfordinol

LXIV → LXV Nicotin

LXIV → LXVI 3-Methoxypyridin

Schema 11. Die Biosynthese von Nicotinsäure in Mycobacterien und höheren Pflanzen

Der spezifische Einbau von Glycerin (*122*), Glycerinaldehyd (LXII) (*94*, *122*) und Asparaginsäure (LII) (*123*) bestätigt den skizzierten Weg, wenn auch über den Mechanismus der Cyclisierung noch keine experimentellen Angaben vorliegen. Der Pyridinring der Tabakalkaloide (z.B. Nicotin, LXIV) wird von der Nicotinsäure geliefert, die unter Decarboxylierung mit einem Δ^1-Pyrrolin oder einer entsprechenden offenkettigen Verbindung reagiert. Das in Equisetum (*206*) zusammen mit Nicotin vorkommende 3-Methoxypyridin (LXVI) könnte in einer analogen Reaktion gebildet werden, wobei Wasser anstelle der Pyrrolinverbindung tritt. Man diskutiert allerdings auch eine Bildung aus Acetatresten (*176*). Beim Übergang von Nicotinsäure in Halfordinol (s. S. 559) muß die Carboxylgruppe erhalten bleiben.

Die Biosynthese der Fusarinsäure (= 5-n-Butylpyridin-2-carbonsäure) erfolgt aus Asparaginsäure und einem C_6-Polyacetat (*85a*). Am Beispiel von Tenuazonsäure (s. S. 556), Erythroskyrin (s. S. 556), einigen Chinolinalkaloiden usw. läßt sich zeigen, daß eine Reaktion zwischen Aminosäuren und Polyketiden von genereller Bedeutung für die Alkaloidbildung sein dürfte.

Im tierischen Organismus leiten sich die Pyridincarbonsäuren von dem instabilen α-Amino-β-carboxy-muconsäuresemialdehyd (LXVIII) ab, der im Zuge des Tryptophanabbaues (*218*) über 3-Hydroxyanthranilsäure (LXVII) entsteht (s. Schema 12).

Die Carboxylgruppe der 3-Hydroxyanthranilsäure findet sich in der Chinolinsäure (LXX) und Nicotinsäure (LXIV) wieder, bei der Picolinsäure (LXIX) geht sie verloren. Die Cyclisierung des Aminoaldehyds (LXVIII) durch Azomethinbildung zu Pipecolinsäure verläuft spontan, während die Nicotinsäurebiosynthese in einer enzymatischen Reaktion erfolgt.

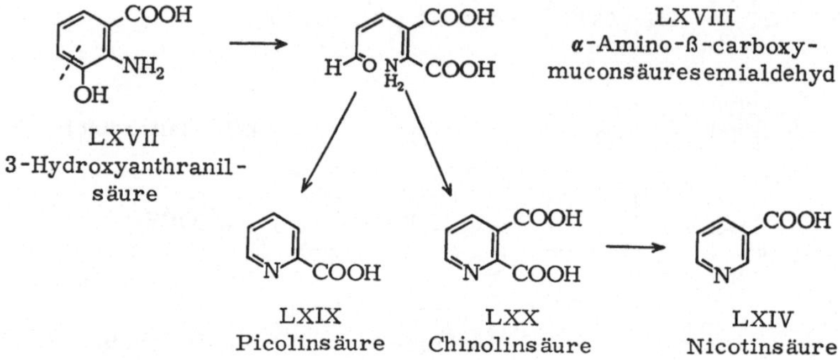

LXVII
3-Hydroxyanthranilsäure

LXVIII
α-Amino-ß-carboxymuconsäuresemialdehyd

LXIX
Picolinsäure

LXX
Chinolinsäure

LXIV
Nicotinsäure

Schema 12. Die Bildung der Pyridincarbonsäuren im tierischen Stoffwechsel

3.3 Serin und Cystein

Das einfachste ringförmige Produkt dieser Aminosäuregruppe ist das aus Streptomyces-Stämmen isolierte Antibiotikum Cycloserin (LXX) (Oxamycin), ein cyclisiertes D-Serinamid mit der Struktur eines D-4-Amino-

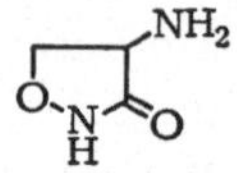

LXXI Cycloserin

3-isoxazolidons (*310*). Andere Streptomyces-Stämme produzieren schwefelhaltige Metaboliten vom Typ des Holomycins (LXXIV) (*90*), dessen Bildung aus Cystin (LXXII) und Glycin (LXXIII) über ein Dipeptid nach Schema 13 erklärbar ist (*220*).

Ein Merkmal der Aminosäuren dieser Gruppe ist das Vorhandensein zweier nucleophiler Substituenten in Nachbarstellung, die sich beide an der Cyclisierung beteiligen können. So sollte das β-Thiazol-2-yl-β-alanin (LXXV), ein Hydrolyseprodukt des basischen Polypeptides Bottromycin aus *Streptomyces bottropensis* (*220*), durch Kondensation von Cystein oder Cysteamin mit einer Carboxylgruppe der Asparaginsäure entstanden sein.

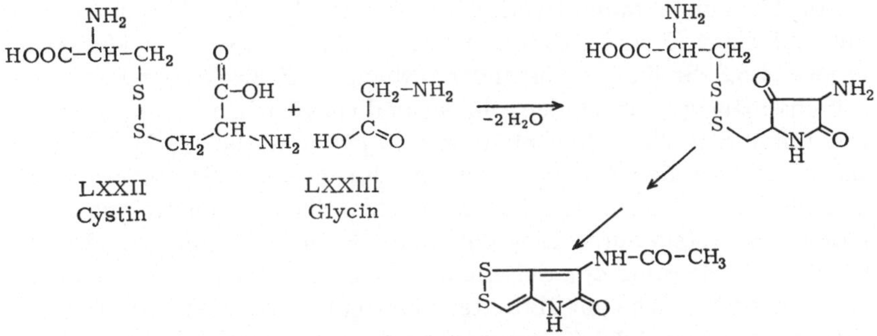

LXXII Cystin

LXXIII Glycin

$-2\,H_2O$

LXXIV Holomycin

Schema 13. Der hypothetische Bildungsweg des Holomycins

Der Bacitracinkomplex aus *Bacillus subtilis* und *B. licheniformis* enthält strukturähnliche cyclische Peptidantibiotika (*81*, *198*, *340*), die als gemeinsamen Baustein einen durch Kondensation von Isoleucin oder Valin mit Cystein ableitbaren Thiazolring (z.B. LXXVI) besitzen. Racemisierungen an der freien Aminogruppe wären durch Resonanz der Doppelbindung möglich (*3*).

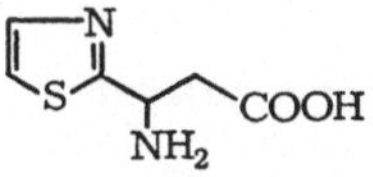

LXXV β-Thiazol-2-yl-β-alanin

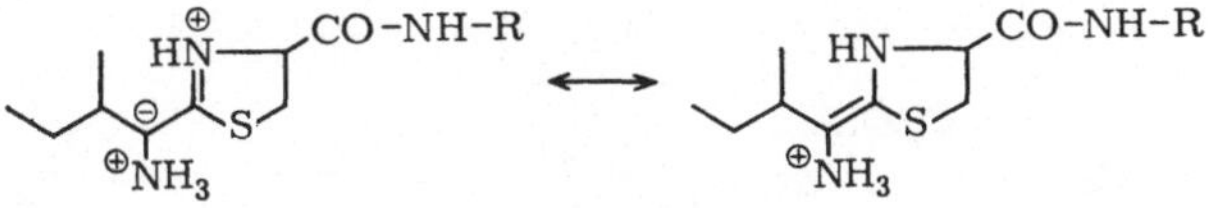

LXXVI

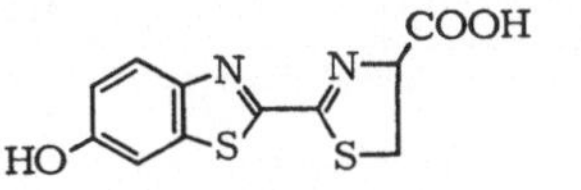

LXXVII Luciferin (Feuerfliege)

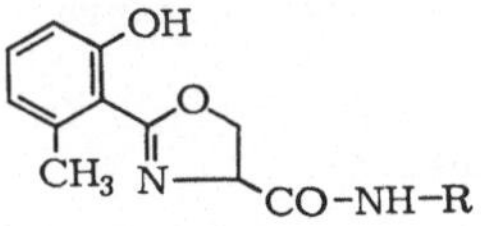

LXXVIII

An der Bildung des Luciferins (LXXVII) der Feuerfliege (*79*) dürfte ebenfalls Cystein beteiligt sein. Setzt sich Serin anstelle des Cysteins mit einer Carboxylgruppe um, so kann ein Oxazolinring entstehen. Ein Beispiel dafür sollte die Biosynthese des Oxazolinringes im Mycobactin P (LXXVIII) sein (*306*, *307*), dessen Säurekomponente an 6-Methylsalicylsäure erinnert.

Im Thiamin (Vitamin B_1) (LXXX) sind ein 2-Methyl-4-aminopyrimidin und ein 4-Methyl-5-(β-hydroxyäthyl)-thiazol über eine Methylenbrücke in 5,3'-Stellung miteinander verbunden. Beide Ringsysteme werden unabhängig voneinander gebildet und enzymatisch gekoppelt (*132*). Die Teilschritte dieser Verknüpfung sind gut untersucht (*67*), hingegen lassen sich über die Bildung der heterocyclischen Ringsysteme noch keine detaillierten Aussagen machen. Den Thiazolkörper könnte man sich formal aus Cystein durch Ringschluß mit einem C_1-Fragment und nachträgliche Alkylierung am C-5 entstanden denken. Einen Anhaltspunkt dafür geben Versuche mit Mutanten von Neurospora crassa und Escherichia coli, die 4-Methyl-5-(β-hydroxyäthyl)-thiazol (LXXXIII) benötigen. Aus der Art der Verwertung von Vorstufen wurde auf die Sequenz Cystein (LXXV) → Thiazolidin-4-carbonsäure (LXXXI) → 4-Methylthiazol → 4-Methyl-5-(β-hydroxyäthyl)thiazol (LXXXIII) geschlossen (*236*). Nach Versuchen an anderen Objekten traten jedoch Zweifel an diesem Biosyntheseweg (s. Schema 14) auf (*67*).

Inzwischen konnte bei Hefen Methionin-[$^{14}CH_3$-^{35}S] (LXXXIV) ohne Änderung des Isotopenverhältnisses in den Thiazolring des Vitamins inkorporiert werden (*157*). Als Intermediärprodukt ist 4-Methylthiazol-3-yl-alanin (LXXXII) anzunehmen, von dem man weiß, daß es die Thiaminsynthese stimuliert (s. Schema 14). In den Pyrimidinteil ließen sich Formiat und Asparaginsäure einbauen (*327 a*).

„C_1" + LXXIX Cystein → LXXXI Thiazolidin-4-carbonsäure

LXXXII 4-Methyl-thiazol-5-yl-alanin ← „NH_3" O=CH–CH_3 + LXXXIV Methionin

LII Asparaginsäure

LXXX Thiamin ← LXXXIII 4-Methyl-5-(β-hydroxyäthyl)-thiazol

Schema 14. Alternative Wege für die Biosynthese des Thiazolringes im Thiamin

Von den Pilzprodukten sind die Penicilline am intensivsten untersucht, doch ist man von einer endgültigen Aufklärung der Biosyntheseschritte noch weit entfernt (*3*, *84*). Mit dem Auffinden des Penicillin N (= Cephalosporin N, Synnematin B, Salmotin LXXXVIII) in einer Cephalosporium-Art (*238*) hatte man ein geeignetes einfaches Objekt in der Hand für Biosyntheseuntersuchungen. Das Penicillin N sollte sich aus α-Aminoadipinsäure, Cystein und Valin aufbauen. Durch Fütterung der radioaktiv markierten Aminosäuren ließ sich diese Annahme bestätigen (*10*, *12*, *13*, *14*, *311*). Cysteylvalin ergibt dabei eine höhere Einbaurate als Valin selbst (*15*). Es ist anzunehmen, daß sich zunächst ein Tripeptid ausbildet. Mit der Isolierung von δ-(α-Aminoadipyl)-cysteylvalin (LXXXV) aus Penicillium chrysogenum (*16*) kann ungeachtet der unterschiedlichen Konfiguration die Beteiligung dieses nichtcyclischen Analogen des Penicillin N am Biosyntheseweg wahrscheinlich gemacht werden.

Das Cephalosporin C (LXXXIX) weist ähnliche strukturelle Merkmale wie die Penicilline auf (*2*) und wird ebenfalls aus α-Aminoadipinsäure, Cystein und Valin biosynthetisiert (*330*, *331*, *332*). Es liegt nahe, daß sowohl für die Biosynthese der Penicilline als auch für das Cephalosporin C ein ähnlicher Biosynthesemechanismus angenommen werden kann.

Trotz der Unterschiede zwischen verschiedenen Penicillium- und Cephalosporium-Stämmen dürfte das in Schema 14 zusammengestellte Reaktionsschema für die Biosynthese der Penicilline und des Cephalosporin C generelle Gültigkeit haben.

Danach entsteht bei genügend hoher intrazellulärer Cysteinkonzentration mit α-Aminoadipinsäure und Valin das Tripeptid δ-(α-Aminoadipoyl)-cysteinylvalin (LXXXV). Dabei ist noch ungewiß, ob die Aminosäuren ursprünglich alle in der L-Konfiguration vorliegen. Im anschließenden Dehydrierungsschritt bildet das Tripeptid den β-Lactamring zu LXXXVI aus. Die Bildung eines siebengliedrigen cyclischen Peptides durch Reaktion der Sulfhydrylgruppe mit dem β-Kohlenstoffatom des Valins ist auszuschließen (*11*, *55*). Der darauf folgende Reaktionsschritt ist eine Dehydrierung zwischen dem C–2 und dem C–3 des Valins. Damit läßt sich die Konfigurationsumkehr von der L-Form im Valin zur D-Form am entsprechenden C-Atom des Penicillins erklären. Zum anderen sollte dieses Zwischenprodukt LXXXVII die gemeinsame Vorstufe für den fünfgliedrigen Thiazolidinring im Isopenicillin N (*100*) und für den sechsgliedrigen Dihydrothiazinring im hypothetischen Isocephalosporin C sein. Aus diesen beiden Zwischenprodukten leiten sich durch Konfigurationsänderung Cephalosporin C (LXXXIX) und die Penicillinantibiotika ab (s. Schema 15).

Mit m-Tyrosin und Tryptophan ist Serin zur Ausbildung der schwefelhaltigen Diketopiperazine Gliotoxin (s. S. 558) bzw. Sporidesmin (s. S. 575) befähigt. In einigen heterocyclischen Aminosäuren wie Tryptophan (*218*), Mimosin (*326*), Pyrazol-1-yl-alanin (XC) (*86*) und dem aliphatischen Albizziin (XCII) (*260*) entstammt der Alaninrest dem Serin. Für Willardiin (XCI) sollte eine entsprechende Biosynthese zutreffen.

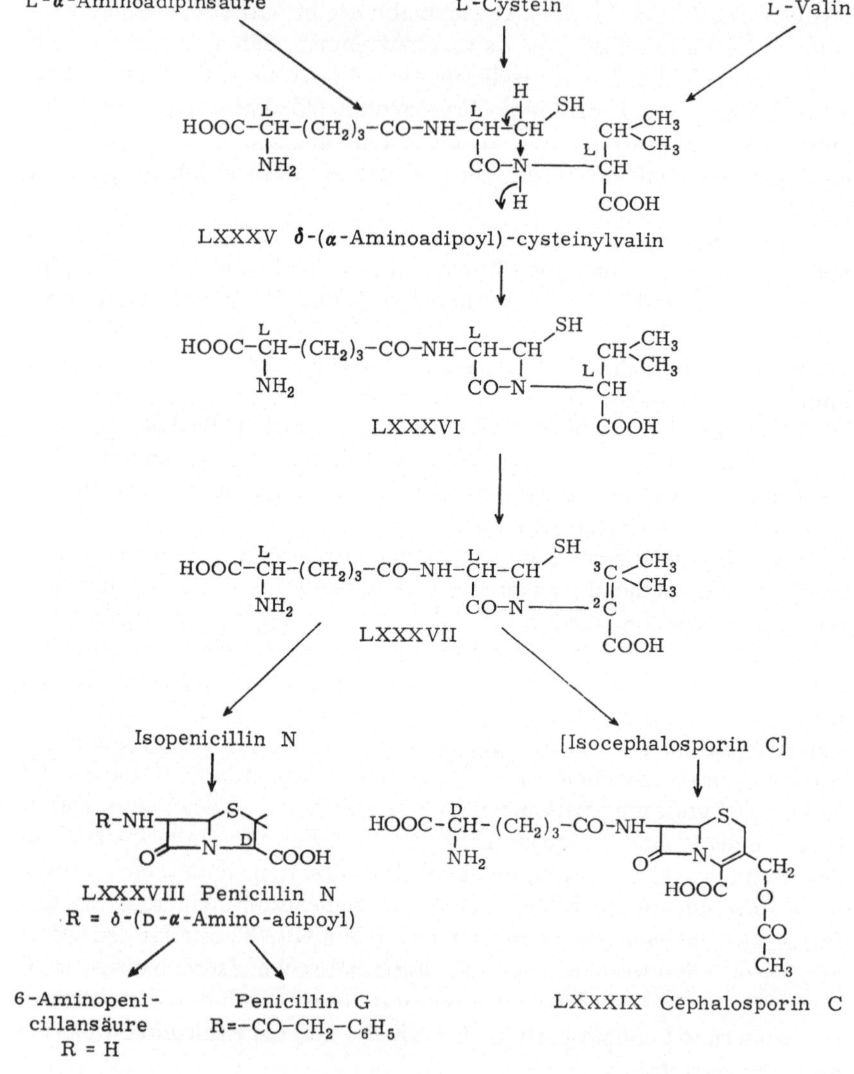

Schema 15. Die Biosynthese der Penicilline und des Cephalosporins C

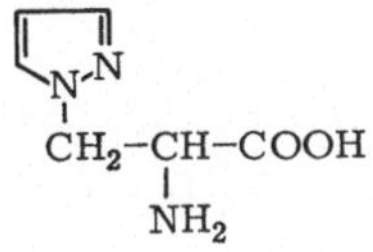

XC Pyrazol-1-yl-alanin

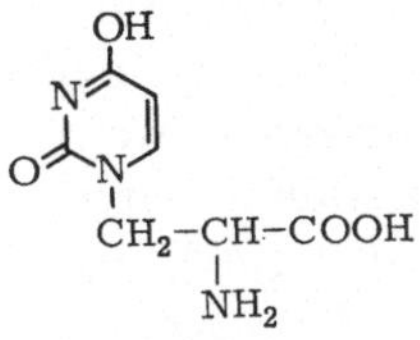

XCI Willardiin

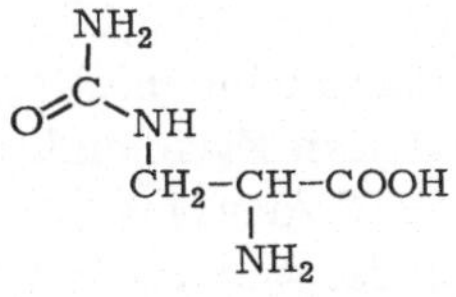

XCII Albizziin

3.4 Valin, Leucin und Isoleucin

Die verzweigten Aminosäuren zeigen eine auffallende Tendenz zur Bildung heterocyclischer Ringsysteme. Dabei werden folgende Reaktionsmechanismen verfolgt:

1. Bildung von Diketopiperazinen.
2. Kondensation zwischen der Carboxylgruppe und Hydroxy-, Mercapto-, Amino- oder reaktionsfähigen Methylengruppen unter Ausbildung von Pyrrol-, Oxazol- oder Thiazolringen.

Diketopiperazine finden sich vorwiegend in Mikroorganismen (*220*, *300*). Von den unsymmetrisch substituierten Diketopiperazinen scheint das L-Leucin-L-Prolin-Anhydrid (XCIII) (3-Isobutyl-(1,6-trimethylen)-2,5-diketopiperazin) am weitesten verbreitet zu sein (*73*, *76*, *158*, *165*, *167*, *322*, *353*).

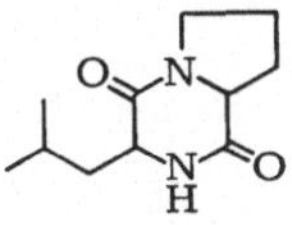

XCIII L-Leucin-L-Prolinanhydrid

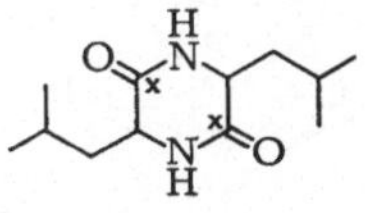

XCIV L-Leucinanhydrid

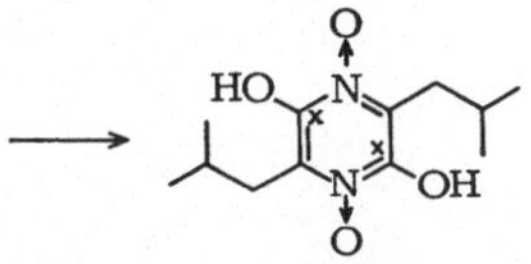

XCV Pulcherriminsäure

Einige Pyrazolderivate aus Mikroorganismen stehen in naher struktureller Beziehung zu den Diketopiperazinen. So bildet sich Pulcherriminsäure (XCV) in *Candida pulcherrima* aus zwei Molekülen L-Leucin über Leucindiketopiperazin (XCIV) (L-Leucinanhydrid, Cycloleucyl) (*213*). Von den möglichen Leucinanhydriden kann nur das Cyclo-L-Leucyl-L-Leucyl als Precursor verwertet werden. Die Isomeren besitzen Inhibitoreigenschaften (*212*).

Für weitere Piperazine und Pyrazine ist ein analoger Bildungsweg bestätigt worden (*220*). Pyrazine mit hydroxylierter Seitenkette entstehen ebenfalls auf diese Weise aus den Aminosäuren und werden nachträglich oxydiert, wie sich das z.B. für die Hydroxyaspergillsäure zeigen ließ (*211*).

Die Beteiligung der verzweigten Aminosäuren am Aufbau fünfgliedriger heterocyclischer Ringsysteme ist in Abschnitt 3.3 für die Penicilline, Bacitracine und Mycobactine gezeigt worden.

Ein Pyrrolonderivat aus Alteria tenuis ist als Tenuazonsäure (XCVI) (= 3-Acetyl-5-sec.butyl-tetramsäure) charakterisiert worden (*312*) und bildet sich aus Isoleucin und Acetoacetat (*313, 314*).

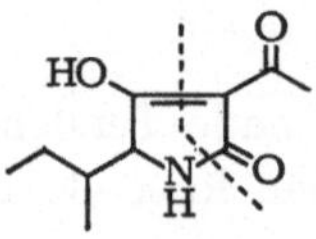

XCVI Tenuazonsäure

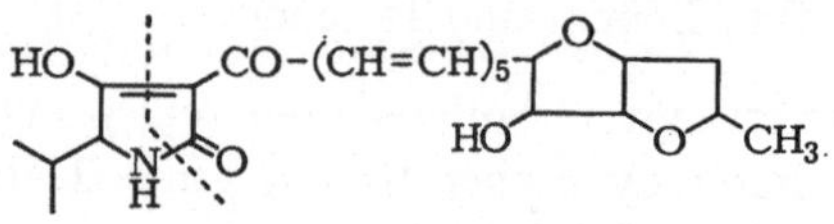

XCVII Erythroskyrin

Für das strukturähnliche Pigment Erythroskyrin (XCVII) (*145, 300*) aus *Penicillium islandicum* werden Valin und eine unverzweigte Polyacetatkette aus 9 Molekülen Malonyl-CoA und einem Molekül Acetyl-CoA (*299, 300*) als Vorstufe angenommen. Das Luciferin (XCVIII) aus *Cypridina hilgendorfii* (Ostracoda) (*79*) läßt sich biosynthetisch aus Tryptamin, Arginin und Isoleucin ableiten.

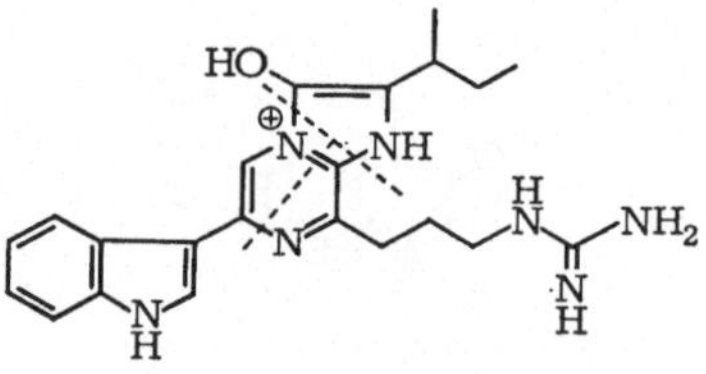

XCVIII Luciferin (Cypridina)

Das β-Hydroxyleucin kann auch mit seiner Hydroxylgruppe an der Ausbildung cyclischer Oligopeptide wie Ceanothin B (*333*) beteiligt sein (s. S. 558).

3.5 Aminosäuren vom Phenylpropantyp

Aus den Aminosäuren vom Phenylpropantyp (Phenylalanin XCIX, Tyrosin C, 3,4-Dihydroxyphenylalanin CI, m-Tyrosin CII und Phenylserin CIII) leiten sich eine Vielzahl heterocyclischer Ringsysteme ab.

Die Reaktionsfähigkeit dieser Aminosäuren bzw. ihrer Decarboxylierungsprodukte beruht einmal auf der primären Aminogruppe und zum anderen auf dem kationoiden Kohlenstoffatom in p-Stellung zu einer

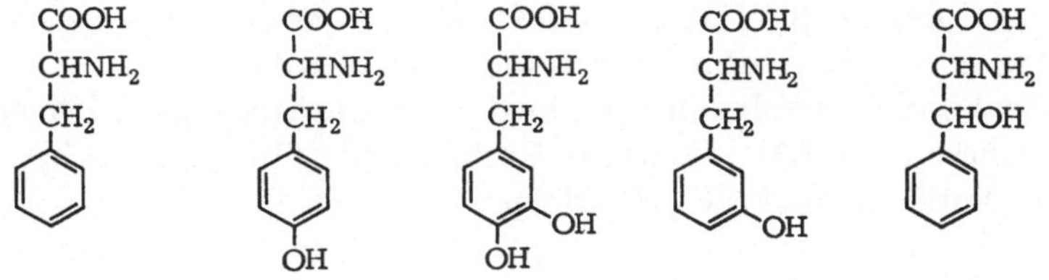

XCIX	C	CI	CII	CIII
Phenylalanin	Tyrosin	Dopa	m-Tyrosin	Phenylserin

Alkoxygruppe (z.B. V). Es sind 2 Cyclisierungsmechanismen möglich, die durch nucleophile Anlagerung zum Indoltyp (CIV) und durch Mannich-Kondensation zum Isochinolintyp (CV) führen (Schema 16).

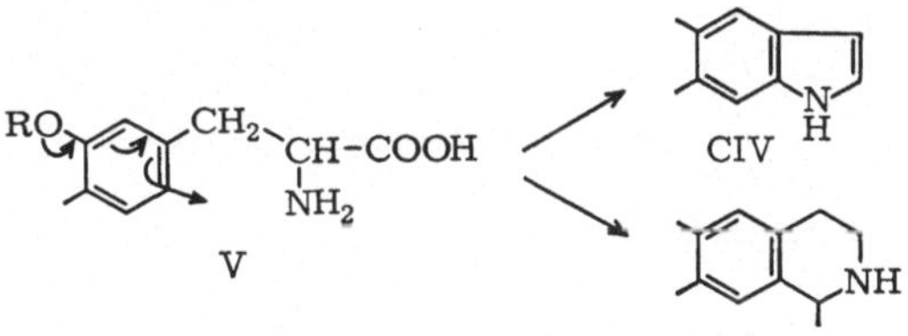

V CIV CV

Schema 16. Cyclisierungsmöglichkeiten der Phenylpropanaminosäuren

Weiterhin ist die Bildung von Azomethinen und Peptidbindungen (Diketopiperazine) zu beobachten. Die Mannigfaltigkeit der natürlichen Alkaloide erklärt sich einmal durch das Spektrum von Hydroxy- und Alkoxygruppen am aromatischen Ring und zum anderen durch sekundäre Cyclisierungen (Phenoloxydation). Oftmals konnte nicht entschieden werden, ob die Hydroxylierung bereits auf der Stufe der Aminosäure erfolgt oder erst nach dem Ringschluß. In einigen Fällen, z.B. bei den Amaryllidaceenalkaloiden (vgl. S. 574) sowie beim Colchicin (vgl. S. 573), besteht ein Unterschied im Einbau von Phenylalanin und Tyrosin. Bei einer Inkorporation über Zimtsäure dient Phenylalanin als Vorstufe.

Cyclisierungen unter Diketopiperazinbildung sind vor allem in Mikroorganismen anzutreffen. So sollte sich das L-Phenylalaninanhydrid (LXXVII) (*56*) in *Penicillium nigricans* aus 2 Molekülen Phenylalanin bilden.

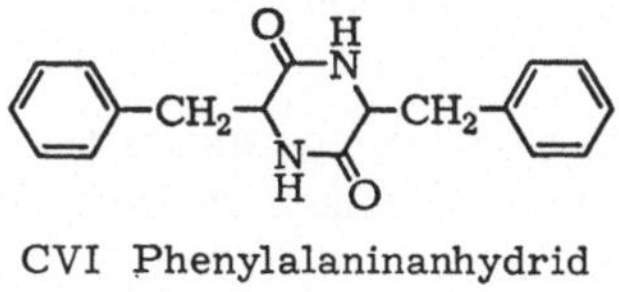

CVI Phenylalaninanhydrid

Für Gliotoxin (CVIII) ist in Trichoderma viride der in Schema 17 wiedergegebene Biosyntheseweg bewiesen worden (*316*, *350*).

Die Bildung des Indolringes folgt dem Mechanismus der Melaninbiosynthese (s. S. 560), die zweite Cyclisierung sollte über das hypothetische Desthiogliotoxin (CVII) erfolgen.

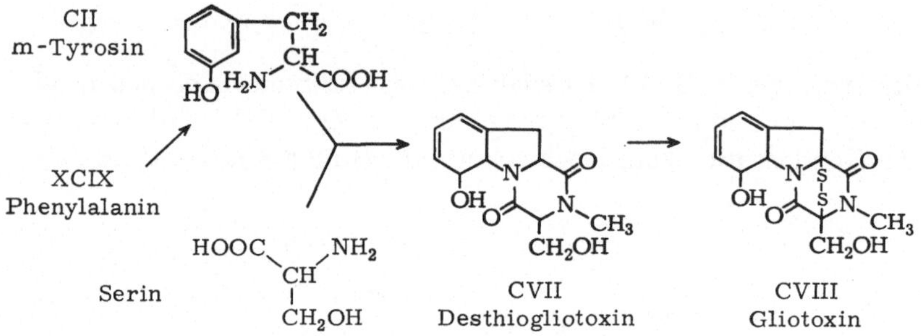

CII m-Tyrosin

XCIX Phenylalanin

Serin

CVII Desthiogliotoxin

CVIII Gliotoxin

Schema 17. Biosynthese des Gliotoxins

Ein cyclisches Tripeptid (CIX) aus L-Phenylalanin, L-Prolin und Alanin ist Bestandteil der Peptidalkaloide des Mutterkornpilzes *Claviceps purpurea* (*63*) und kommt auch in freier Form vor (*215*).

Aus verschiedenen Penicillium-Stämmen sind diketopiperazinähnliche Verbindungen vom Typ des Cyclopenins (CX) isoliert worden, das aus Anthranilsäure und Phenylalanin entsteht (s. Schema 43).

Cyclische Peptide unterschiedlicher Größe finden sich in südamerikanischen Rhamnaceen. Beim Ceanothin-B (CXI) ist beispielsweise o-Hydroxyphenyläthylenamin an der Knüpfung eines Oxazacyclononadien-Ringes beteiligt (*339*), im Scutianin ist p-Hydroxyphenyläthylenamin in einem 14gliedrigen Heterocyclus enthalten (*333*).

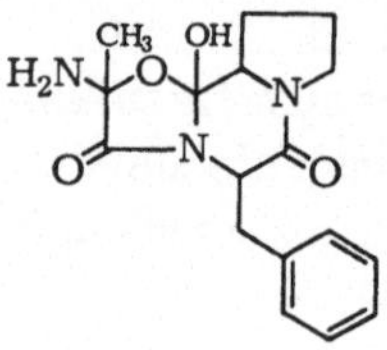

CIX

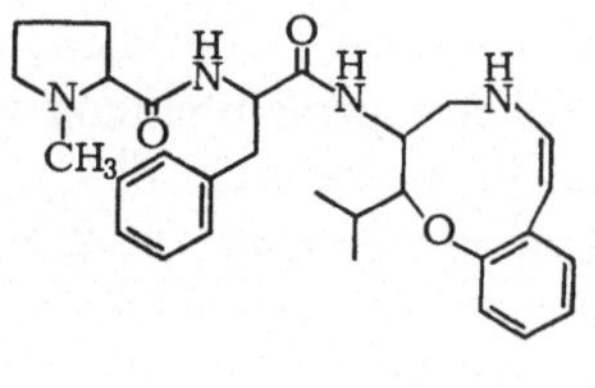

CXI Ceanothin-B

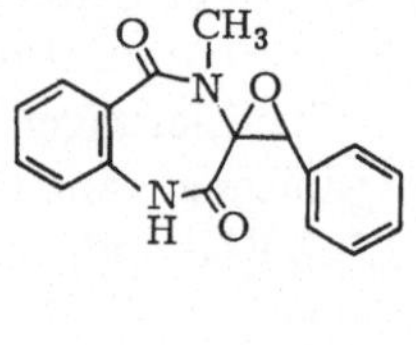

CX Cyclopenin

Während Diketopiperazine charakteristisch für Mikroorganismen sind, finden sich in höheren Pflanzen vielfach säureamidartig gebundene Phenylalkylamine. Eine besondere Stellung nehmen die reaktionsfähigen α-Hydroxyphenyläthylamine vom Typ des Aegelins (CXII, $R_1 = C_6H_5$–CH=CH–, $R_2 = CH_3$) ein, denen die Rolle eines Intermediären bei der Biosynthese der Oxazolalkaloide Annulolin (CXIV) und Halfordinol (CXIII) zukommen könnte. Für den Bildungsmechanismus werden zwei alternative Wege vorgeschlagen (*82*) (Schema 18). Die notwendigen Dehydrierungsschritte dürften von den Chinonmethin-Intermediären (CXV und CXVI) ausgehen. Der heterocyclische Stickstoff sollte in beiden Fällen dem Tyramin entstammen, denn bisher ist noch kein Beispiel bekannt, daß ein Amidstickstoff zusammen mit seinem Kohlenstoffgerüst in einen Heterocyclus eingebaut wird. Zwischen den beiden Wegen in Schema 18 kann erst durch eine genaue Kenntnis des Zeitpunktes der Methylierung entschieden werden.

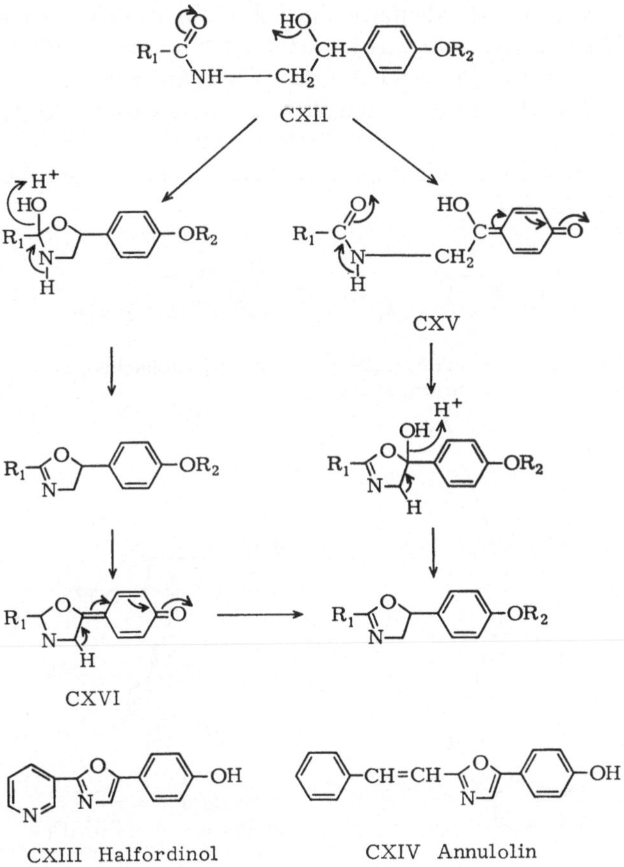

CXII

CXV

CXVI

CXIII Halfordinol

CXIV Annulolin

Schema 18. Alternative Wege zu den Oxazolalkaloiden

Der Übergang von Phenyläthylamin-Abkömmlingen in den Indoltyp erfordert die Anwesenheit phenolischer Gruppen, da es sich um eine nucleophile Anlagerung des Stickstoffs an ein chinoides System handelt. Ein gut untersuchtes Beispiel ist die im Tierreich häufig anzutreffende Oxydation des Tyrosins durch Luftsauerstoff mittels Tyrosinase, bei der das hochpolymere Pigment Melanin entsteht, dessen Untereinheiten das Indolgerüst besitzen. Die Tyrosinase bewirkt lediglich die Oxydation des Tyrosins (C) zum 3,4-Dihydroxyphenylalanin (Dopa, CI) und dessen Überführung in das Dopachinon (CXV). Der chinoide Ring des Dopachinons addiert die Aminogruppe unter Bildung von 5,6-Dihydroxy-2,3-dihydroindol-2-carbonsäure (CXVI), die sich spontan in das rote Dopachrom (CXVIII) umlagern kann (Schema 19). Es schließt sich die Decarboxylierung zum Indolchinon und Polymerisation zum Melanin an (*58, 161, 325*).

Auf einer ähnlichen Reaktion beruht wahrscheinlich die Biosynthese des Indolteiles des Randenfarbstoffes Betanin (CXIX). Auch für den Δ^2-Piperideinteil dieses Pigmentes wird als Vorstufe ein Phenylpropan-Körper angenommen, der nach Art der Woodward-Spaltung in das Intermediäre (CXVIII) übergeht, das sich in der angegebenen Weise zum Piperidinderivat cyclisiert (*356*) (Schema 19). Inkorporationsversuche mit markiertem Phenylalanin, Tyrosin und Dopa stützen diese Hypothese (*107, 143, 194, 221*).

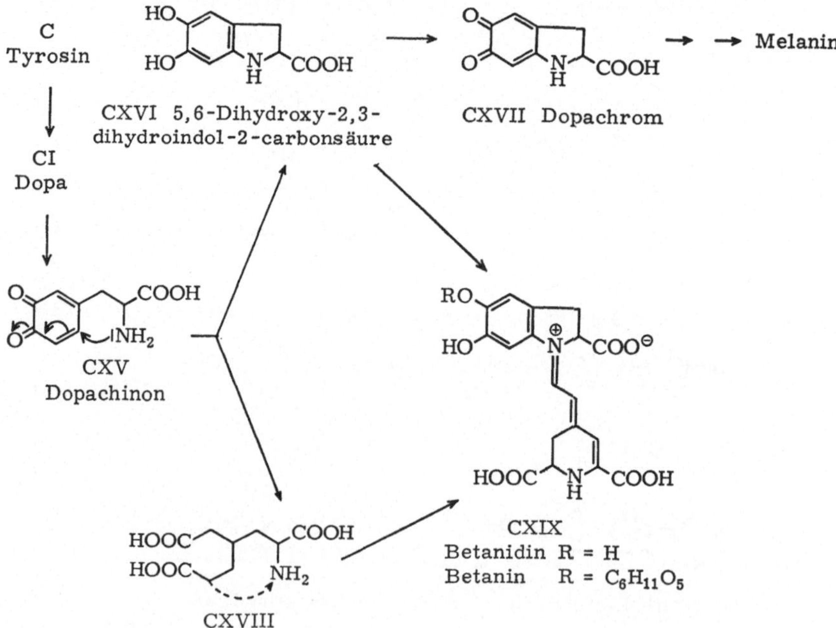

Schema 19. Hypothetischer Bildungsweg des Betanins und Melanins

Die weitaus größte Gruppe von Alkaloiden leitet sich von den Aminosäuren des Phenylpropantyps durch Mannich-Kondensation mit verschiedenen Aldehyden ab. Derartige Reaktionen sind unter zellmöglichen Bedingungen wiederholt durchgeführt worden (*320*), so daß man in vivo ähnliche Mechanismen erwarten darf. Als Kondensationsprodukte werden Tetrahydroisochinolinderivate erhalten (Schema 20). Diese können durch Phenoloxydation dimerisieren oder kondensierte tri-, tetra- und pentacyclische Alkaloide bilden.

Mit Pyruvat oder Glyoxalat als Kondensationspartner bilden sich einfache Tetrahydroisochinoline (CXXI), deren Struktur einigen Cactusalkaloiden zugrunde liegt. Der Phenylpropanrest des Anhalidins (CXXI, R = H), Pellotins (CXXI, R = CH_3) und Lophocerins (CXXII) wird in *Lophophora williamsii* durch radioaktives Tyrosin (C) und Dopamin (CXX) markiert (*35, 40, 178*). Für die Herkunft des Kohlenstoffatoms 1 sind zwei Möglichkeiten zu diskutieren: die Mannich-Kondensation mit einem Aldehyd bzw. einer Ketosäure oder die Einbeziehung der N-Methylgruppe des N-Methylphenyläthylamins nach Art der Berberinbrücke.

Der Einbau von Methionin-[$^{14}CH_3$] schlug fehl, während markiertes Natriumacetat sowohl in das C–1 als auch in das C-Methyl des Pellotins inkorporiert wurde (*40*).

Beim Lophocerin (CXXII) läßt die verzweigte Seitenkette am C–1 auf eine Beteiligung von Oxydationsprodukten des Leucins (α-Ketoisocapronsäure oder Isovaleraldehyd) an der Biosynthese schließen. Fütterungsversuche an Lophocereus zeigten jedoch, daß der Isobutylrest der Mevalonsäure entstammt (*297*). Durch Phenoloxydation können aus Lophocerin die Oligomeren, wie Pilocerein (CXXIII) entstehen. In Anlehnung an den Biosyntheseweg gelang die Synthese von Pilocerein aus Lophocerinmethiodid (*102*).

Wenn die Mannich-Kondensation des Tyramins mit dem Monoterpen Loganin (CXXIV) erfolgt, so bildet sich (nach Acetylierung) Ipecosid (CXXV) (*50*). Loganin (CXXIV) ist der Nichttryptophanbaustein der Indolalkaloide. Bei der Vielzahl an Strukturen, die durch Mannich-Kondensation der C_{10}-Einheit mit Tryptamin möglich sind (s. Schema 35), sollte man erwarten, daß außer dem Ipecosid auch andere Isochinolinalkaloide dieses Bauprinzips gefunden werden. Der C_9-Teil des Protoemetins (CXXVI) leitet sich wahrscheinlich von einem solchen Monoterpen ab und ermöglicht mit seiner Aldehydgruppe eine weitere Mannich-Kondensation zu Cephaelin (CXXVII) und Tubulosin (CXXVIII) (*7*). Die Bildung des Protoemetins (CXXVI) in einer Woodward-Spaltung aus einem Protoberberin (*264*) ist durch Fütterungsversuche (*41*) auszuschließen.

Eine Laborsynthese des Cephaelins (CXXVII) aus Protoemetin (CXXVI) basiert auf dem natürlichen Bildungsweg (*319*). Der überwiegende Teil der Isochinolinalkaloide leitet sich aus der Kondensation

CXXXVIII

CXX
Dopamin

CXXV
Ipecosid

CXXI
Anhaloniumbasen

CXXVI
Protoemetin

CXXIV
Loganin

CXXII
Lophocerin

CXXVII
Cephaelin

CXXVIII
Tubulosin

CXXIII Pilocerein

Schema 20. Die Bildung von Tetrahydroisochinolin-Alkaloiden durch Mannich-Kondensation zweier Aminosäuren vom Phenylpropantyp unter Verlust beider Carboxylgruppen und einer Aminogruppe ab. Dabei reagieren primär Dopamin (CXX) und 3,4-Dihydroxyphenylacetaldehyd (CXXIX) (bzw. 3,4-Dihydroxyphenylbrenztraubensäure) über eine Schiff'sche Base (CXXX) (oder direkt) zum Norlaudanosolin (CXXXI), dem Grundkörper der Tetrahydrobenzyl-isochinolinalkaloide (Schema 21) (*21*, *37*).

CXX Dopamin

CXXIX

CXXX

CXXXI Norlaudanosolin R = H
Laudanosolin R = CH_3

Schema 21. Bildungsschema der Tetrahydrobenzyl-isochinolinalkaloide

Das Azomethin (CXXX) wurde verschiedentlich als Intermediäres der Biosynthese der Erythrinaalkaloide (z.B. CXXXII und CXXXIII) postuliert (*27*, *59*, *110*, *222*, *254*, *265*). Neuere Versuche sprechen dafür, daß Tyrosin über das Benzylisochinolin Norprotosinomenin (CXXXIV) in die Erythrinaalkaloide inkorporiert wird, so daß die in Schema 22 (*22*, *28*) dargestellte Reaktionsfolge realisiert sein könnte. Synthetisch kann ein tetracyclisches Spirodienon (wie Erysodienon CXXXV) in einem Schritt aus dem entsprechenden Aminophenol durch Oxydation entstehen (*28*, *110*, *222*). Die Erythroidine (z.B. CXXXIII) könnte man sich durch oxydative Aufsprengung des aromatischen Ringes und Recyclisierung unter Verlust von einem Kohlenstoffatom entstanden denken.

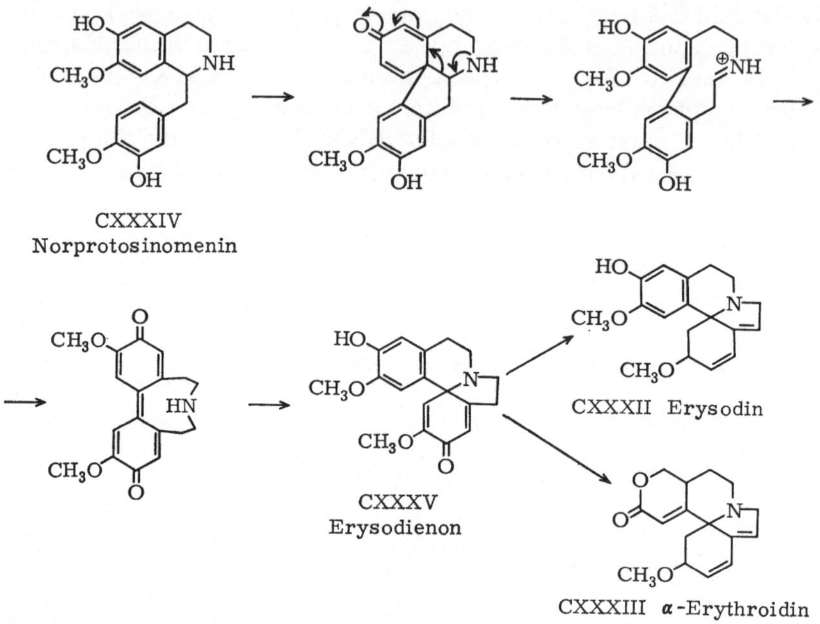

CXXXIV
Norprotosinomenin

CXXXV
Erysodienon

CXXXII Erysodin

CXXXIII α-Erythroidin

Schema 22. Die Bildung der Erythrinaalkaloide

Von den einfachen Tetrahydrobenzylisochinolinen sind etwa **15** natürliche Vertreter bekannt (*63*), von denen das Reticulin (CXIV) ein wichtiges Zwischenprodukt bei der Ausbildung komplizierter Strukturen ist (*308*).

Durch Phenoloxydation können Tetrahydrobenzylisochinoline (Typ CXXXVIII) neue Ringe knüpfen, indem die mesomeren Radikale entweder mit polarisierten Doppelbindungen (s. Schema 28) oder mit Radikalen gleicher Art (Radikalpaarung, Schema 24) unter Ausbildung von C–C-, C–N- oder C–O-Bindungen reagieren. Schema 23 zeigt die mesomeren Radikale, die bei Phenoloxydation aus den beiden freien Hydroxylgruppen (als Phenolationen) des Reticulins (CXXXVI) entstehen können, Schema 24 die aus Tetrahydrobenzylisochinolinen abzuleitenden Strukturen. Von historischer Bedeutung ist der Versuch, das Aporphin- oder Morphinangerüst bei der Oxydation von Laudanosolin (CXXXI) zu erhalten (*267, 281*). Statt der erwarteten C–C-Verknüpfung der beiden aromatischen Ringe entstand jedoch durch nucleophile Anlagerung des Stickstoffs an das im Benzylteil intermediär gebildete o-Chinonsystem ein Dibenzo-tetrahydropyrrocolin-System, das dem später aufgefundenen Alkaloid Cryptaustolin (CLXV) zugrunde liegt (s. Schema 28). Bei geeigneten Substituenten im Tetrahydrobenzylisochinolinteil kann man eine C–N-Verknüpfung ausschließen.

Die Dimerisierung eines Tetrahydrobenzylisochinolins kann parallel (z.B. Oxyacanthin-Typ CXLIV) oder antiparallel (Tubocurarin-Typ CXLV) erfolgen. Dabei muß das häufige Auftreten von Ätherbrücken zwischen den Isochinolinteilen überraschen. Offenbar ist die durch Phenoloxydation am C–8 entstandene Radikalstelle in LXXXVI durch die Substituenten am C–1 und C–7 sterisch an der Ausbildung einer C–C-Bindung gehindert (*104*). Die Kondensation kann nur dann eintreten, wenn der zweite Isochinolinteil durch eine Ätherbrücke auf Abstand gehalten wird (*104*). Für Epistephanin (CXLIV), einem Alkaloid vom

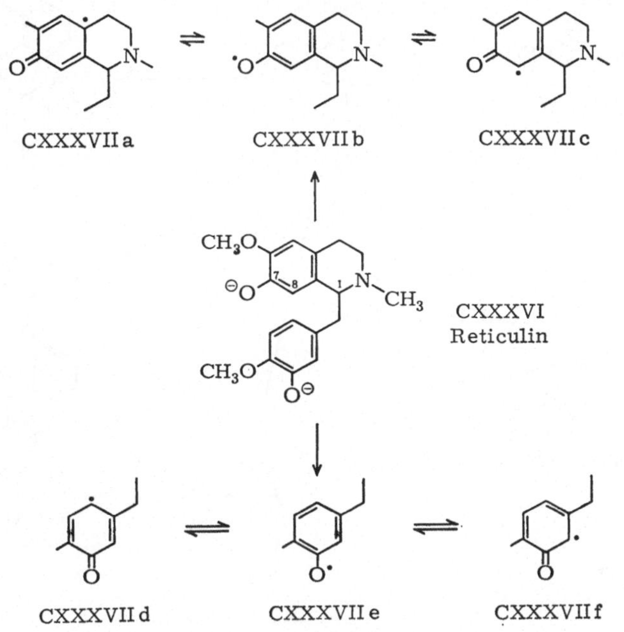

CXXXVII a CXXXVII b CXXXVII c

CXXXVI
Reticulin

CXXXVII d CXXXVII e CXXXVII f

Schema 23. Die mesomeren Radikale des Reticulins

Oxyacanthin-Typ, konnte gezeigt werden, daß die Biosynthese dem in Schema 24 skizzierten Wege folgt (*33*, *34*). Die Benzylreste der Monomeren können auch durch C–C-Bindungen verknüpft sein. Das Auftreten dieser Diphenylbrücken (z.B. im Rodiasin, CXLVII) ist durch Radikalpaarung nach einem Oxydationsprozeß entsprechend Schema 25 zu erklären (*125*).

Zu einer besonderen Alkaloidgruppe scheinen zunächst Basen wie Cissamparein (CXLVIII) zu gehören, die anstelle der Diphenylätherstruktur die aromatischen Ringe durch eine –O–CH_2-Gruppierung verknüpft haben.

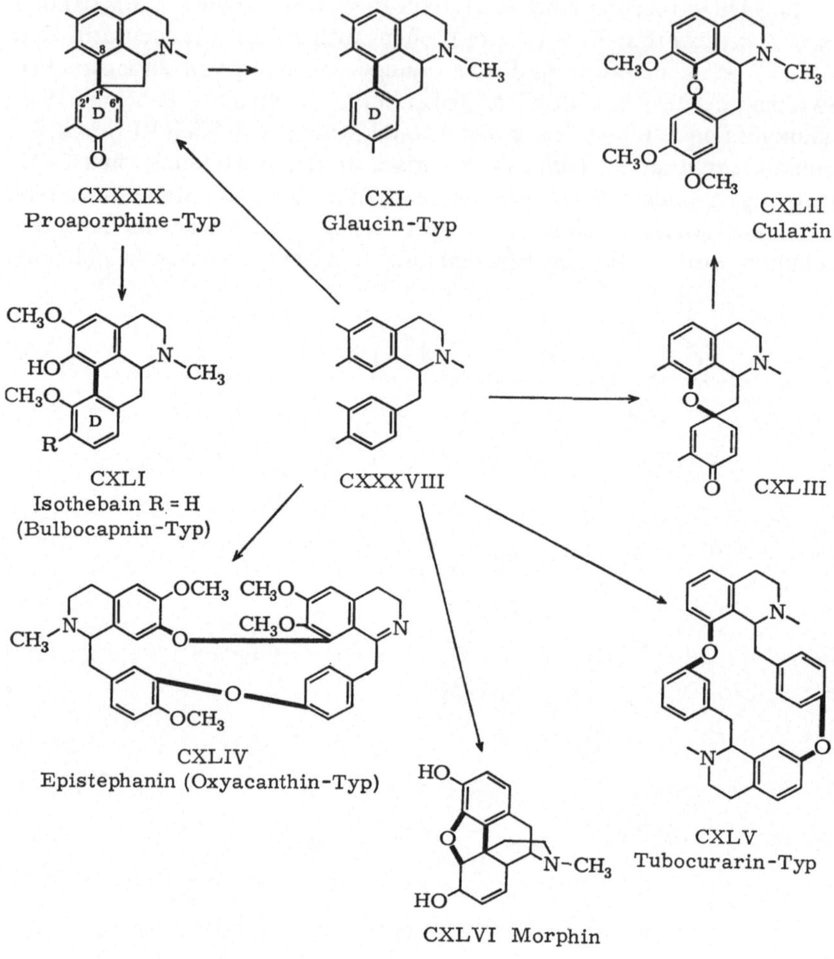

Schema 24. Biosynthese der Isochinolinalkaloide (die durch Phenoloxydation geknüpften Bindungen sind hervorgehoben)

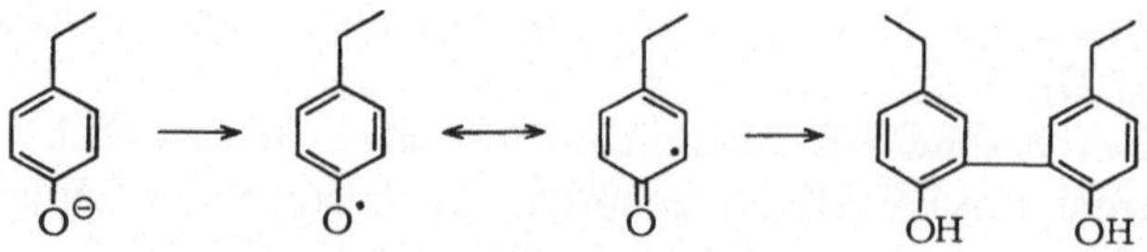

Schema 25. Radikalmechanismus der Diphenylbindung

Als Monomere wären danach Tetrahydro-xylylisochinoline zu diskutieren, solche Verbindungen sind jedoch nie gefunden worden. Man

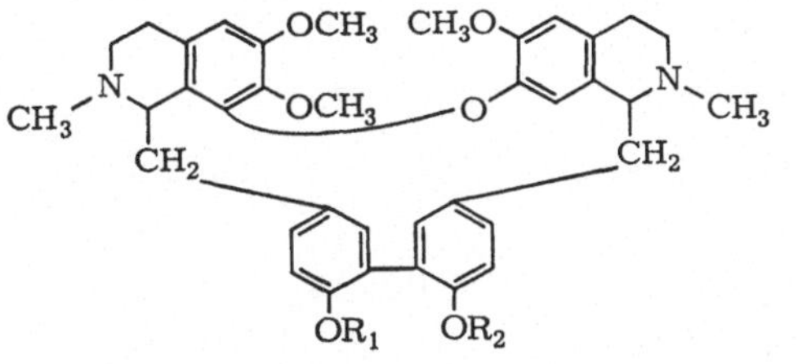

CXLVII Rodiasin

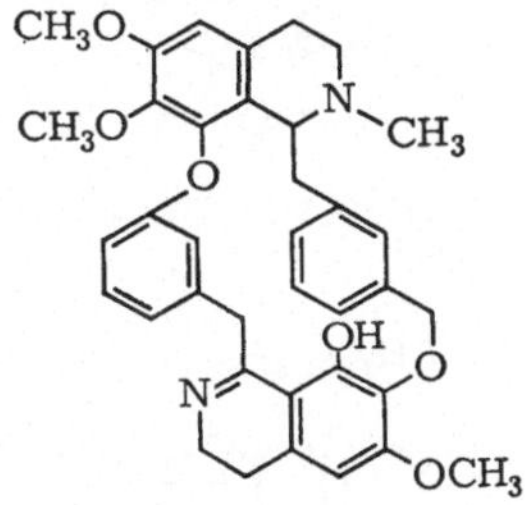

CXLVIII Cissamparein

nimmt deshalb an, daß die O-Methylgruppe des Tetrahydrobenzylisochinolins ähnlich einer Berberin-Brücke (vgl. S. 571) mit an der Verknüpfung beteiligt ist (*168*). Diese Hypothese findet eine Parallele in der durch Licht induzierten Umwandlung von Pentamethylquercetin in ein substituiertes Benzpyranobenzopyron unter Einbeziehung der O-Methylgruppe in das tetracyclische System (*336*).

Für die Bildung des Dihydrooxepinringes im Cularin (CXLII) muß ein ungewöhnlich substituiertes Tetrahydrobenzylisochinolin als Vorstufe dienen. Cularin ließ sich durch milde Oxydation einer entsprechenden Vorstufe nicht auf direktem Wege synthetisch erhalten (*104*). Basen vom Cularintyp sind aber durch Säureumlagerung des primär entstandenen Dienons (CXLIII) zugänglich (*160*). Die Biosynthese der Morphinane Thebain, Codein und Morphin ist gut untersucht. Ihre Bildung geht aus von Tyrosin (C) (*21, 37, 38, 162, 232*) über Norlaudanosolin (CXXXI) → Reticulin (CXXXVI) → Salutaridin (CXLIX) → Salutaridinol-I (CL) → Thebain (CLI) → Codein (CLIII) → Morphin (CXLVI) (Schema 26). Salutaridin (CXLIX) entsteht aus Reticulin (CXXXVI) durch Phenoloxydation. Die Umwandlung des Thebains (CLI) in das Codein (CLIII) erfordert neben der Entmethylierung eine Hydrierung. Von den alternativen Wegen über Codeinmethyläther oder Codeinon (CLII) konnte zugunsten des letzteren entschieden werden (*43, 57*).

Das Reticulin besitzt ein Substitutionsmuster, welches dem des Thebains (CLI) entspricht. Isomere Tetrahydrobenzylisochinoline dienen nicht als Precursoren, da die zur Phenoloxydation nötigen Positionen blockiert sind.

In den Morphinanen ist die Diphenylbrücke zwischen den beiden aromatischen Ringen des Reticulins (CXXXVI) auf die Paarung von o- (CXXXVIIf) und p-Radikalen (CXXXVIIa) zurückzuführen. Bei der Biosynthese des Amurins (CLIV) aus *Papaver nudicaule* (*64, 95*)

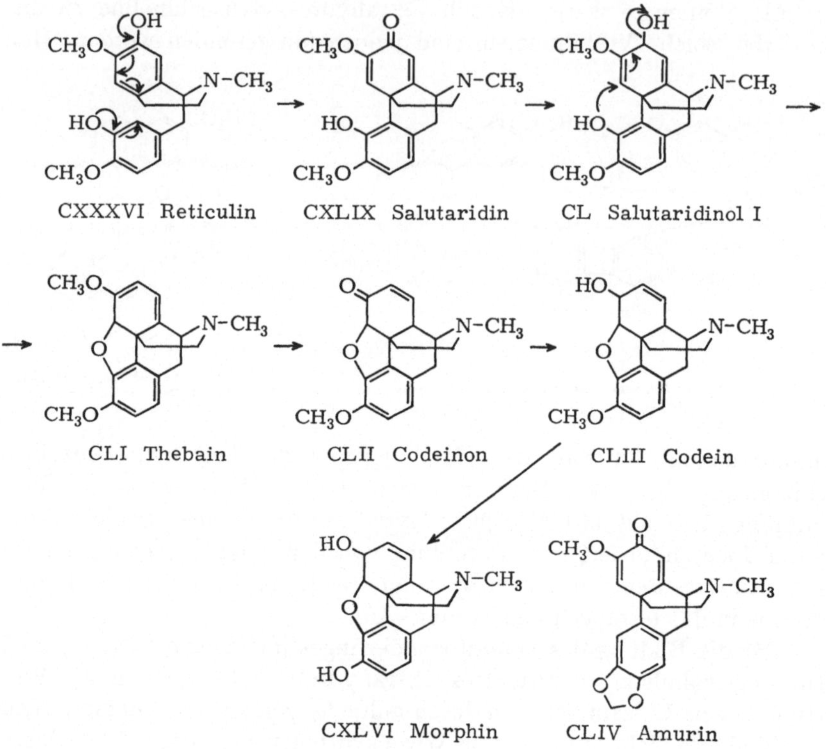

CXXXVI Reticulin CXLIX Salutaridin CL Salutaridinol I

CLI Thebain CLII Codeinon CLIII Codein

CXLVI Morphin CLIV Amurin

Schema 26. Die Biosynthese der Morphinane

müssen sich 2 p-Radikale (CXXXVIIa und CXXXVIId) verknüpfen. In Sinomenum-Arten bildet sich das Sinomenin (CLV) aus Reticulin über Sinoacutin (*30, 31*). Das chlorhaltige Nebenalkaloid Acutumin (CLVI) (*327*) scheint aber kein Folge- oder Nebenprodukt dieses Biosyntheseweges zu sein (*22*).

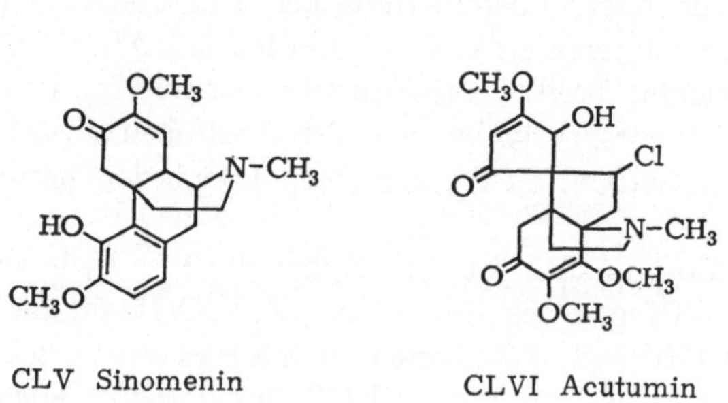

CLV Sinomenin CLVI Acutumin

Eine auffällige strukturelle Ähnlichkeit mit dem Norlaudanosolin (CXXXI) zeigen die Aporphine (CXL und CXLI) und Proaporphine (CXXXIX). Sie könnten durch phenoloxydative Kupplung des C–8 einer Tetrahydrobenzylisochinolin-Vorstufe mit dem Benzylrest entstanden sein. Das Substitutionsmuster mancher Aporphine läßt eine direkte Bildung durch Phenoloxydation nicht zu bzw. erfordert ungewöhnlich substituierte Vorläufer. Es wurde deshalb ein Umweg über die Proaporphine angenommen, die nach Reduktion der Carbonylgruppe einer Dienol-Benzol-Umlagerung (s. S. 540) am 1′,1′-disubstituierten Ring unterliegen sollten (*25*). Traceruntersuchungen konnten den angegebenen Weg der Biosynthese für Isothebain (CXLI) und ähnliche Basen bestätigen (z.B. *23, 24, 44, 46, 135*). Der Mechanismus der Phenoloxydation wird mit Erfolg bei der biosyntheseähnlichen Darstellung von Aporphinalkaloiden angewendet (z.B. *45, 75, 103, 150*).

C Tyrosin → CXXXI Norlaudanosolin → CLVII Orientalinon

CLVIII Stephanin
$R_1 = R_2 = O{-}CH_2{-}O$

CLIX Aristolochiasäure I

CLX Taliscanin

CLXIII

CLXI Magnoflorin
$R_2 = R_3 = OH$
$R_1 = R_4 = OCH_3$

CLXII Taspin

Schema 27. Durch Ringspaltung aus Aporphinen entstandene Alkaloidtypen

Auf Grund struktureller Ähnlichkeit und des gemeinsamen Auftretens mit Aporphinderivaten rechnet man Aristolochiasäure I (CLIX) trotz ihrer Nitrogruppe mit zu dieser Alkaloidfamilie. Man kann eine Öffnung des Ringes B im Aporphingerüst und N-Oxydation annehmen. Tatsächlich gelang bei Aristolochia sipho der Einbau von markiertem Tyrosin (C) und Norlaudanosolin (CXXXI) in einer Weise, die auf die Sequenz Tyrosin (C) → Norlaudanosolin (CXXXI) → Orientalin → Orientalinon (CLVII) → Orientalinol → Stephanin (CLVIII) → Aristolochiasäure I (CLIX) (Schema 27) schließen läßt (*295, 309*). Die Oxydation der Amino- zur Nitrogruppe scheint zu einem späten Zeitpunkt zu erfolgen. Mit dem Taliscanin (CLX) wurde aus Aristolochia taliscana ein Alkaloid isoliert, bei dem die Aminogruppe durch Lactambildung vor einer Oxydation geschützt wurde (*205*).

Aus dem Aporphinalkaloid Magnoflorin (CLXI) könnte man sich auch das Taspin (CLXII) durch oxydative Ringaufsprengung und Lac-

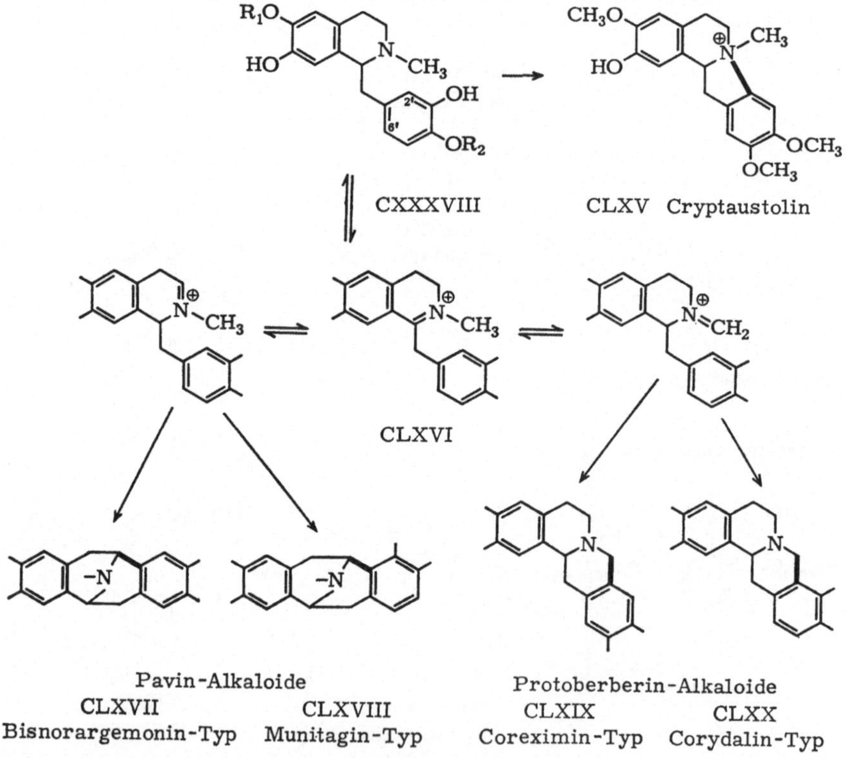

Schema 28. Der Mechanismus der Cyclisierung des Reticulins zu den tetracyclischen Dibenzpyrocolin-, Pavin- und Protoberberinalkaloiden

tonisierung nach Schema 27 entstanden denken (*304*). Tertiäre Aporphinbasen weisen eine starke Neigung zur Hofmann-Eliminierung auf, da die gebildete Doppelbindung zum Aufbau eines stabilen Phenanthrenringsystemes herangezogen werden kann. Daraus erklärt sich das Auftreten der Basen vom Typ CLXIII in Aristolochia.

Bei einem anderen Cyclisierungsprinzip treten die durch Phenoloxydation erhaltenen Radikale mit polarisierten Bindungen in Reaktion. Wird ein Tetrahydrobenzylisochinolin CXXXVIII dehydriert, so entsteht ein quartäres Stickstoffatom (in CLXVI) und das benachbarte Kohlenstoffatom wird für eine Substitution zugänglich. Damit kommt man entsprechend Schema 28 zu den Pavin- und Protoberberinalkaloiden. Bei beiden Cyclisierungsmechanismen kann der zusätzliche Ringschluß über das C-2′ oder C-6′ verlaufen. Es entstehen unterschiedliche Substitutionsmuster, die durch das Bisnorargemonin (CLXVII) bzw. Munitagin (CLXVIII) und Coreximin (CLXIX) bzw. Corydalin (CLXX) repräsentiert werden.

Der Einbau der N-Methylgruppe in ein heterocyclisches Ringsystem steht bisher einzig da („Berberinbrücke“). Durch Verfütterung spezifisch

CLXIV Protoberberin-Typ

CLXXII Rhoeadin

CLXXIV

CLXXI Protopin

CLXXIII Narcotin

CLXXV Chelidonin

Schema 29. Die durch Ringspaltung des Protoberberingerüstes entstehenden Strukturtypen

markierter Vorstufen ließ sich der skizzierte Bildungsmechanismus sichern (*20, 26, 36, 48*).

Vom Protoberberin (CLXIV) leiten sich unter oxydativer Ringaufsprengung an den in Schema 29 bezeichneten Stellen nach Umlagerung 4 neue Alkaloidtypen durch Spaltung der C–N-Bindung ab. Eine Woodward-Spaltung zwischen C-10 und C-11, die zum Protoemetin (CXXVI) führen sollte (*264*), findet nicht statt. Wenn die Bindung zwischen dem Stickstoff und dem C-14 oxydativ aufgespalten wird, gelangt man zu den Protopinbasen (CLXXI), aus denen durch Lösen einer C–N-Bindung die Rhoeadinalkaloide zugängig sind (*270*). Umgekehrt ist durch die transannulare Anordnung der CO- und N–CH_3-Gruppe eine photochemische Bildung von Berberinalkaloiden möglich (*85b*). Erfolgt die Spaltung vom Stickstoff nach dem C-8 hin bei gleichzeitiger Oxydation am C-13, so bildet sich ein Intermediäres, aus dem durch Lactonbildung ein neuer Ring geschlossen werden kann, der zu Phthalidisochinolinbasen, z.B. Narcotin (CLXXIII) (*26, 54*) führt.

Entsteht durch Oxydation am C-6 ein α-Carbinolamin, kann dieses unter Ringöffnung in einen entsprechenden Aldehyd (CLXXIV) übergehen, der nach N-Methylierung nur noch zum Ringschluß mit C-13 befähigt ist. Auf diesem Wege bauen sich die Benzophenantridine, z.B. Chelidonin (CLXXV) auf (*49, 184*).

Wenn anstelle des substituierten Phenylacetaldehyds ein Abkömmling der Zimtsäure mit einem Phenyläthylamin reagiert, dann könnte sich ein Phenäthylisochinolin (CLXXVI) ausbilden. Der Grundkörper selbst wurde in der Natur bisher noch nicht gefunden. Es sind jedoch Naturstoffe bekannt, die als höhere Homologe der Benzylisochinoline offensichtlich durch Phenoloxydation aus (CLXXVI) entstanden sind (Schema 30), z.B. Melanthioidin (CLXXVII) und Androcymbin (CLXXX) aus Androcymbium melanthioides (*52, 53*) sowie das Homoaporphin Multifloramin (CLXXVIII) aus Kreysigia multiflora (*42*). Aus biogeneseähnlichen Reaktionen kann man schließen, daß die Bildung des Multifloramins (CLXXVIII) in vivo über die Stufe des Homoproaporphins (CLXXIX) in einer Dienon-Phenol-Umlagerung verläuft (*42, 159*).

Dem Androcymbin (CLXXX) liegt ein Homomorphinangerüst zugrunde; es hat die Biosynthese des Colchicins (CLXXXIV), einer Tropolonverbindung, sehr befruchtet. Beide Alkaloide besitzen die gleiche Konfiguration. Im Colchicin sind zwei siebengliedrige Ringe enthalten, von denen sich der eine durch Phenoloxydation eines Phenyläthylisochinolins zu CLXXX schließen könnte. Der Einbau von Tyrosin-[3-^{14}C] und ^{14}C, ^{15}N-markierten Phenyläthylisochinolinen (*51*) stützt diese Hypothese und rückt das Colchicin in die Reihe der echten Alkaloide, obwohl durch sekundäre Umwandlung der heterocyclische Ring aufgebrochen wurde. Der zweite Siebenring muß durch Erweiterung des

Benzochinonteiles erfolgen. Dieser Mechanismus dürfte unter oxydativer Aufsprengung der Äthylenbrücke in einem Androcymbinanalogen (CLXXX) zwischen C-3 und C-4 über das Intermediäre CLXXXI erfolgen (*19*). Während C-4 als C-12a zur Erweiterung des Ringes beiträgt, verbleibt C-3 am Stickstoff (z.B. in CLXXXII) und wird erst in einem späteren Stadium der Colchicin-Biosynthese entfernt. Der Einbau von

CLXXVII Melanthioidin

CLXXVII Multifloramin

CLXXVI

CLXXIX

CLXXXI

CLXXX Androcymbin, R = H

CLXXXII

CLXXXIII Demecolcin

CLXXXIV Colchicin

Schema 30. Die Biosynthese des Colchicins und anderer Phenyläthylisochinolin-Alkaloide (die durch Phenoloxydation geknüpften Bindungen sind hervorgehoben)

Demecolcin (CLXXXIII) und O-Methylandrocymbin (CLXXX) bestätigt den in Schema 30 skizzierten Aufbau des Colchicins (*39*).

Für die Biosynthese der Amaryllidaceenalkaloide ist das Norbelladin (CLXXXV) als Vorstufe bestätigt worden, das aus Tyramin und einem C_6C_1-Körper entsteht und aus dem sich die anderen Strukturtypen durch Phenoloxydation und sekundäre Umwandlungen ableiten (*25, 29*). Das Norbelladin (CLXXXV) enthält als Analoges des Norlaudanosolins (CXXXI) zwei Phenylreste, die nach entsprechender Methylierung über Phenoloxydation eine innermolekulare Kupplung durch Paarung von Radikalen möglich machen. Dabei entstehen die Alkaloidtypen CLXXXVI bis CLXXXVIII. Die heterocyclischen Sechsringe können aufgespalten werden, wobei sich nach erneutem Ringschluß die Strukturen CLXXXIX bis CXCI ergeben (Schema 31) (*91, 152, 163, 317, 348, 364*). Als gemeinsames Charakteristikum besitzen alle Amaryllidaceenalkaloide einen aromatischen und einen hydroaromatischen Ring.

Tyrosin ist lediglich die Vorstufe des hydroaromatischen Ringes und der Äthylaminseitenkette, während Phenylalanin über substituierte Zimtsäuren nach erfolgter β-Oxydation zu Protocatechualdehyd ausschließlich in den aromatischen Ring inkorporiert wird. Phenylalanin und

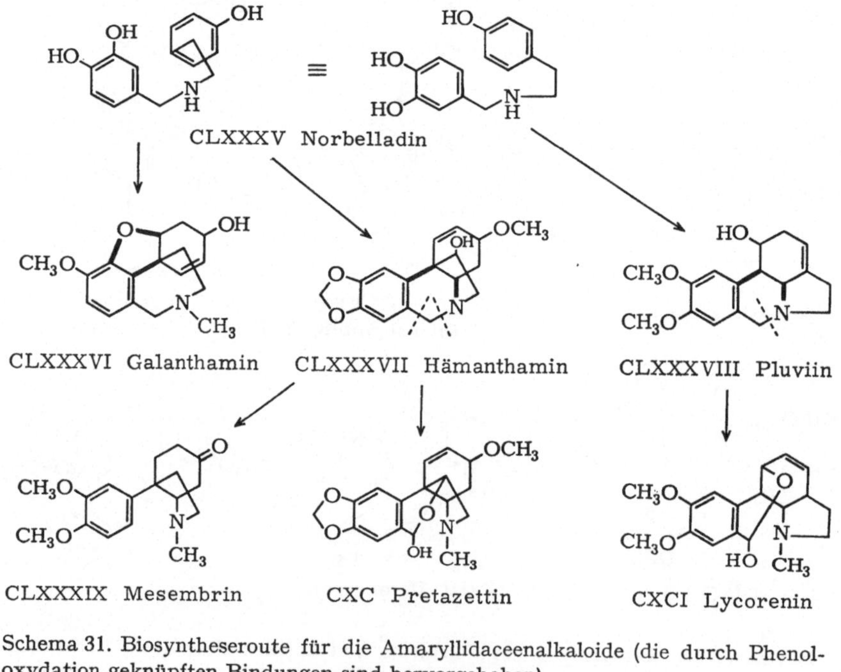

CLXXXV Norbelladin

CLXXXVI Galanthamin

CLXXXVII Hämanthamin

CLXXXVIII Pluviin

CLXXXIX Mesembrin

CXC Pretazettin

CXCI Lycorenin

Schema 31. Biosyntheseroute für die Amaryllidaceenalkaloide (die durch Phenoloxydation geknüpften Bindungen sind hervorgehoben)

Tyrosin werden also auch in diesem Fall wie bei Colchicin ganz unterschiedlich für die Biosynthese verwertet (vgl. S. 572).

3.6 Tryptophan

Die große Gruppe von Indolalkaloiden leitet sich fast ausschließlich vom Tryptophan ab. Als Ausnahmen sind zu nennen Melanin, Betanin (CXIX) und Gliotoxin (CVIII), die dem Tyrosinstoffwechsel entstammen (s. S. 558, 560). Wie die Bildung der Basen mit Olivacin- (CXCII), Ulein- (CXCIII) und Cryptolepinstruktur (CXCIV) erfolgt, ist völlig offen, da in ihnen der Stickstoff der Seitenkette nicht β-ständig zum Indolring ist. Die Carbazolalkaloide enthalten nur noch den Indolstickstoff. Allerdings hat die Biosynthese des Gramins (CXCV) gezeigt, daß Tryptophan-[3-^{14}C,^{15}Nβ] trotz Kettenverkürzung ohne Änderung des Isotopenverhältnisses inkorporiert wird (*124*).

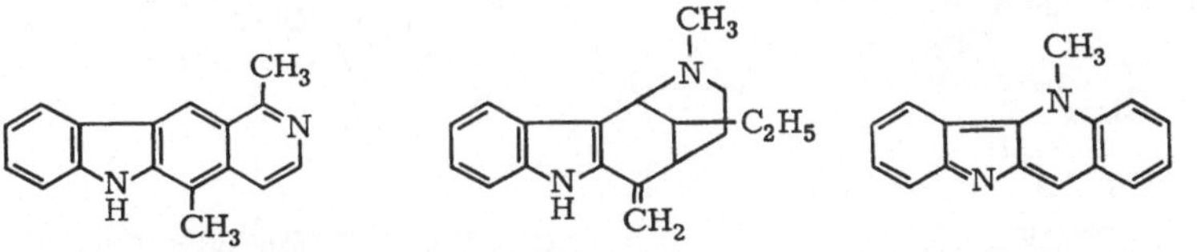

CXCII Olivacin CXCIII Ulein CXCIV Cryptolepin

Als Beispiel für Tryptophan-haltige Diketopiperazine seien die Sporidesmine (z.B. CXCVI) angeführt, die in Pithomyces chartarum vorkommen (*141*, *142*). Es sind von Tryptophan und Serin abgeleitete schwefelhaltige Diketopiperazine, die hinsichtlich des Epidithia-2,5-diketopiperazinsystems (*140*) Analoge des Gliotoxins (CVIII) darstellen. Die Biosynthese dieser Verbindung dürfte über ein Desthiosporidesmin erfolgen.

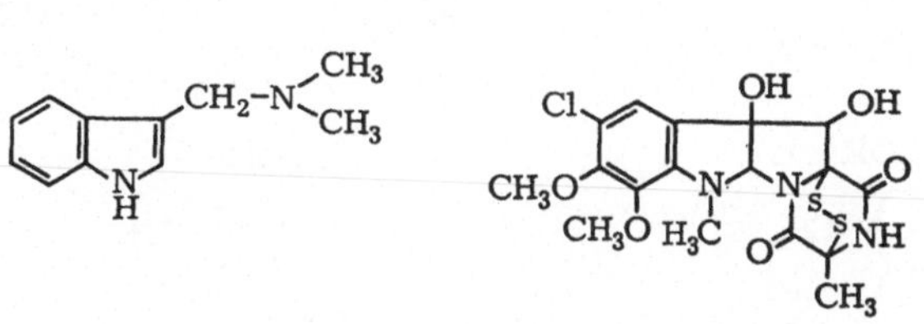

CXCV Gramin CXCVI Sporidesmin A

Die Mutterkornalkaloide besitzen mit wenigen Ausnahmen das tetracyclische Ergolinskelett. Ihre Biosynthese ist gut untersucht (Schema 33) (*1*, *251*, *344*). Der Einbau des Tryptophans (CXCVII) in das Lysergsäuregerüst (CCIII) konnte schon frühzeitig bewiesen werden (*234*); auch der

Nicht-Indolstickstoff der Seitenkette wird in das heterocyclische System inkorporiert (*98*). Als zweiter Baustein hat sich ein Abkömmling der Mevalonsäure (CCXIV) erwiesen (*119*). Für die Anheftung des Mevalonsäurerestes an das reaktionsträge C-4 des Tryptophans (CXCVII) sind verschiedene Mechanismen diskutiert worden (*251*, *344*). Als Intermediäres muß man ein durch elektrophilen Angriff des Dimethylallylpyrophosphats entstandenes 4-Dimethylallyltryptophan (CXCVIII) annehmen, das unter Decarboxylierung zum Ringschluß mit dem α-Kohlenstoff-

Dimethylallylpyrophosphat
CLXIX

$(PP)-O-CH_2-CH=C(CH_3)_2$ + Tryptophan (NH_2, CH_2, COOH)

CXCVII
Tryptophan

→ CXCVIII 4-Dimethyl-allyl-tryptophan (NH_2, COOH) →

→ CXCIX Chanoclavin-I (CH_2OH, $NHCH_3$) → CC ($NHCH_3$) → CCI Agroclavin ($N-CH_3$) →

→ CCII Elymoclavin (CH_2OH, $N-CH_3$) → CCIII Lysergsäure (COOH, $N-CH_3$)

Schema 32. Die Biosynthese des Ergolinsystems

atom des Tryptophans befähigt ist. Dabei bildet sich Chanoclavin I (CXCIX), ein Zwischenprodukt bei der Bildung des Ergolinsystems (z.B. CCI und CCII) und der Lysergsäureabkömmlinge (*1*). Die beiden Methylgruppen des von Mevalonsäure ableitbaren biologischen Isoprenkörpers sind nicht gleichwertig; der Ringschluß am Stickstoff erfolgt stereospezifisch. Dieser Mechanismus läßt sich am besten durch die Annahme einer mesomeren Doppelbindung in CC und Drehung des Isopropylrestes nach Schema 32 erklären (*96*, *97*).

Wenn eine Substitution am Pyrrolteil des Indols erfolgt, sind zwei Positionen des Angriffs möglich, die α- (CCV) und die β-Stellung (CCIV). Es ließ sich zeigen, daß die Substituenten primär am C-3 des Indolringes angreifen. 4-Indol-β-yl-butanol-[4-^{3}H] (CCVI) ergibt ein Carbazol-1-on (CCVIII), in dem 50% der Tritiumradioaktivität des Ausgangsproduktes verbleiben. Das läßt sich mit einer Gleichverteilung der Tritiummarkierung über die spirocyclische 3,3-Indoleninverbindung (CCVII) erklären (Schema 33) (*151*).

x N H OH CCVI N H α CCIV β N H CCV x x N H CCVII x N H x x N H O CCVIII

Schema 33. Der Mechanismus der Gleichverteilung der Tritiummarkierung über ein symmetrisches Indolenindervat

Von einem Intermediären des Typs CCIX könnten sich sekundär die Alkaloide mit dem Carbolingerüst (Harmanbasen) (CCX), die Oxindole (z.B. CCXI) und die β-Indole ableiten (s. Schema 34).

Die Harmanalkaloide (CCX) bilden sich aus Tryptophan und einem C-2-Baustein (*241*, *114*, *119a*). Der Tryptophaneinbau ist auch für Serpentin (CCXII) (*172*), Vindolin (CCXXIII) (*120*, *181*), Ibogain (CCXXI) (*360*) und andere Indolalkaloide gesichert worden. Es verbleibt bei diesen Alkaloiden ein Bruchstück von 9 bzw. 10 Kohlenstoffatomen, die nicht aus dem Tryptophan stammen, der sog. Nichttryptophananteil. Man hat verschiedene Theorien über die Herkunft dieses Bausteines vorgeschlagen:

CCIX

CCX Harmanalkaloide

CCXI Oxindolalkaloide

CCXII Yohimbin- und Corynanthein-Typ

CCXIII Aspidospermin-Typ

Schema 34. Die Biosynthese der Indolalkaloide aus Tryptophan über ein spirocyclisches 3,3-Indolenin-Intermediäres

Die Woodward-Spaltung von Dopa, die Aufsprengung des Ringes eines Prephensäureabkömmlings, die Bildung eines C-10-Körpers aus fünf Acetateinheiten und der Weg über ein aus Mevalonsäure gebildetes Monoterpen (*177*). Der Terpenweg (*323, 343*) erwies sich letztlich als zutreffend (*39, 47, 121, 129, 185, 199, 223*). Damit läßt sich eine große Zahl von Indolalkaloiden auf zwei Bausteine zurückführen: Tryptophan (CXCVII) und Mevalonsäure (CCXIV). Die Mevalonsäure liefert über Geraniol (CCXV) → Citronellal → Irodial das Loganin (Typ CCXVI), bei dessen Spaltung verzweigte nichtcyclische C-10-Bausteine (CCXVII, CCXVIII, CCXIX) entstehen, die zur Ausbildung der bekannten Alkaloidskelette, z.B. CCXXI, CCXXII, CCXXIII herangezogen werden (s. Schema 35). Die Indolalkaloide (z. B. aus Apocynaceen), deren Zahl sich in wenigen Jahren vervielfacht hat, beeindrucken durch ihren Formenreichtum. Man wird weitere Untersuchungen abwarten müssen, um generelle Aussagen über den Mechanismus ihrer Bildung und sekundären Umwandlung geben zu können.

Die Bedeutung mancher Indolstrukturen als Intermediäre wird bei der Biosynthese der Chinaalkaloide deutlich (Schema 36). Durch Spaltung der Bindung vom Nicht-Indolstickstoff zum C-5 in einem Alkaloid von Corynantheintyp (CCXXV) kann bei einer Neuknüpfung der Bindung zwischen dem Stickstoff und C-17 der Chinuclidinring entstehen und dabei das Indolgerüst des Cinchonamins (CCXXIV) erhalten bleiben

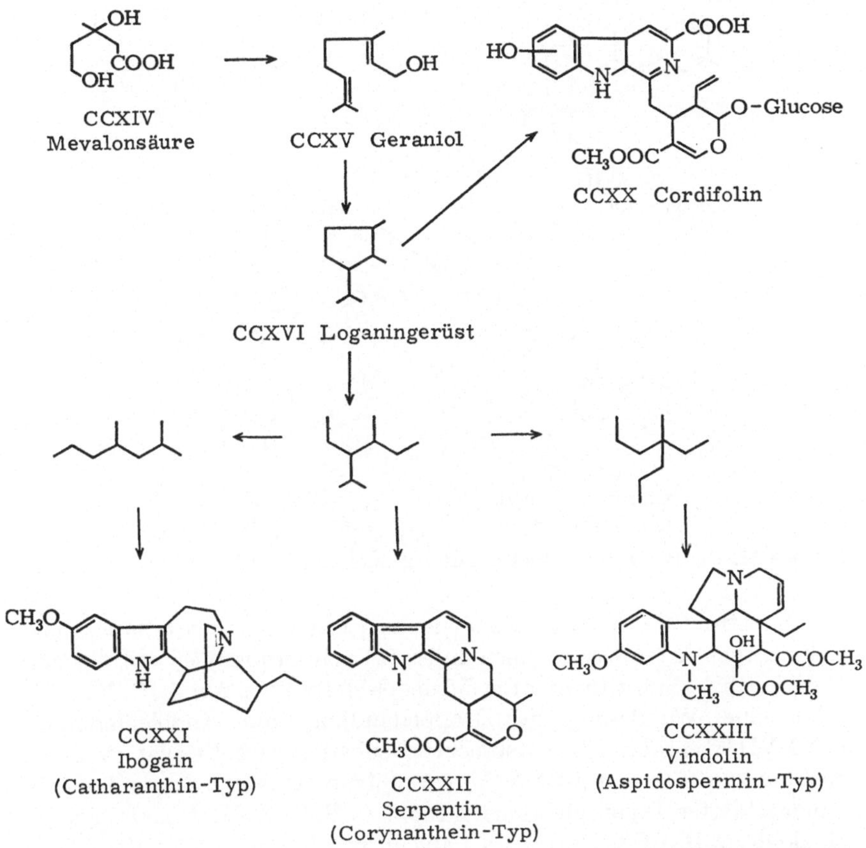
OH
COOH
OH
CCXIV
Mevalonsäure
OH
CCXV Geraniol
HO
COOH
N
N
H
O-Glucose
CH_3OOC
O
CCXX Cordifolin
CCXVI Loganingerüst
CH_3O
N
N
H
CCXXI
Ibogain
(Catharanthin-Typ)
N
N
CH_3OOC
O
CCXXII
Serpentin
(Corynanthein-Typ)
N
OH
CH_3O
N
$OCOCH_3$
CH_3
$COOCH_3$
CCXXIII
Vindolin
(Aspidospermin-Typ)

Schema 35. Die Biosynthese der Indolalkaloide aus einem Monoterpenbaustein

(112). Über eine Spaltung des Indolringes zwischen Stickstoff und C-2 entsteht durch Recyclisierung bei nachfolgender Methoxylierung das Chinin (CCXXV), das durch Geraniol-(3-^{14}C) spezifisch markiert wird (*186*) (s. Schema 37).

Von dem Cinchonamin leiten sich in einer Mannich-Kondensation mit einem substituierten Tryptamin die stereoisomeren Indolbasen Cinchophyllamin (CCXXVI) und Isocinchophyllamin ab (*253*). Von besonderem Interesse ist das Cordifolin (CCXX), das aus Tryptophan (CXCVII) und Loganin (CXXIV) entstanden sein könnte (*68*). In seiner Struktur entspricht es dem Ipecosid (CXXV in Schema 20) in der Isochinolinreihe. Die Brücke zu den Isochinolinalkaloiden wird durch das Tubulosin (CXXVIII, s. Schema 20) geschlagen, das durch Kondensation von Tryptamin mit einem Protoemetin gebildet werden dürfte. Es findet sich in Alangium lamarckii neben typischen Ipecachuanha-Alkaloiden (7).

CCXXII
Corynanthein-Typ

CCXXIV
Cinchonamin, R = H

CCXXV
Chinin, R = OCH_3
Cinchonin, R = H

CCXXVI
Cinchophyllamin

Schema 36. Die Biosynthese des Chinins aus Geraniol-[3-^{14}C]

Die strukturähnlichen Alkaloide aus *Physostigma venenosum* und Calycanthus-Arten weisen einen anderen Cyclisierungsmechanismus auf. Der Angriff des Substituenten am C-2 des N-Methyltryptamins (CCXXVII) setzt eine Wanderung der Doppelbindung zum Indoleninderivat (CXXVIII) voraus. Ein entsprechend substituiertes Derivat cyclisiert spontan zum Eserolin (CCXXIX) (*131*). Tracerversuche zeigen den Einbau markierten Tryptophans in die Indol- (z.B. CCXXXII) und Chinolinalkaloide (z.B. CCXXXIII) bei Calycanthus floridus (*242, 293*). Dabei wird eine oxydative β,β'-Dimerisierung zum Indolenin (CCXXXI) angenommen (*268*), aus dem sich durch Öffnung der Azomethinbindung auch die Chinolinbasen ableiten sollen (*298*). In einer „biogeneseähnlichen" Synthese sind beide Alkaloidtypen zugängig (*130*).

Für das Physovenin (CCXXX) (*261*) als Sauerstoffanaloges der Physostigmaalkaloide kann man einen entsprechenden Bildungsweg annehmen.

3.7 Histidin

Neben Phenylalanin und Tryptophan ist Histidin (CCXLVII) die dritte „aromatische" Aminosäure. Histidin und seinem Decarboxylierungsprodukt, dem Histamin (CCXXXIV) liegt das heterocyclische Imidazol zugrunde, deshalb wäre zu erwarten, daß sie analog Tyramin und Tryptamin in einer Mannich-Reaktion mit Carbonylverbindungen zu bicyclischen Produkten reagieren können.

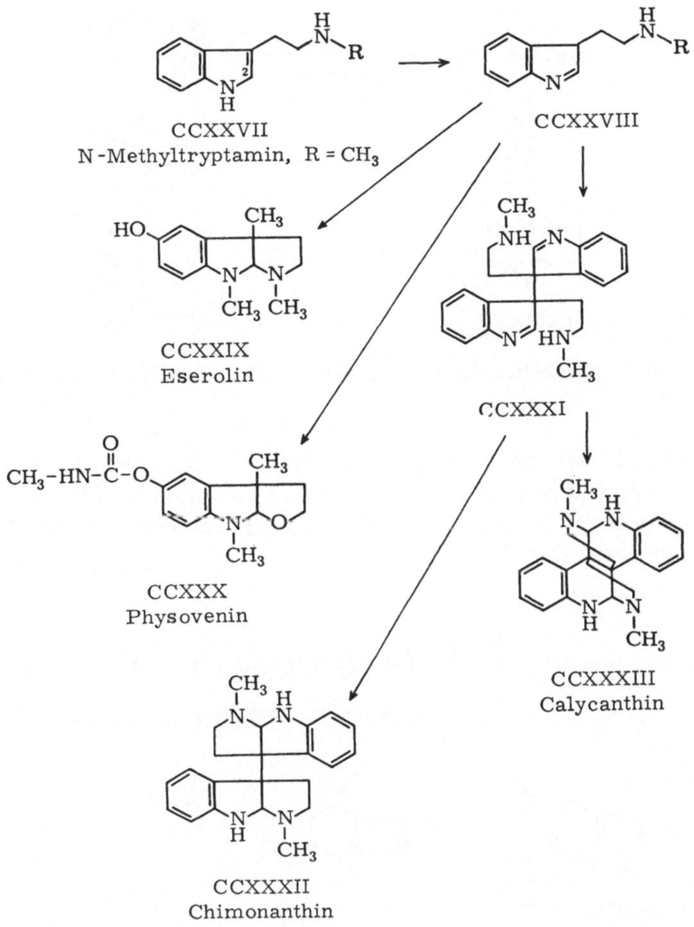

CCXXVII
N-Methyltryptamin, R = CH_3

CCXXVIII

CCXXIX
Eserolin

CCXXXI

CCXXX
Physovenin

CCXXXIII
Calycanthin

CCXXXII
Chimonanthin

Schema 37. Die Biosynthese der Alkaloide aus Physostigma venenosum und Calycanthus floridus

Das aus der Aminogruppe und der Carbonylverbindung gebildete Intermediäre kann sowohl mit einem aciden N–H (N-3) als auch mit dem aciden C–H (C-4) reagieren (s. Schema 38). Im ersten Fall entstehen die Basen vom Imidazo [1,5-c]tetrahydropyrimidintyp (CCXXXV), im zweiten Falle Imidazo [4,5-c]tetrahydropyridine (CCXXXVI).

Beispiele für diese beiden Arten des Ringschlusses (s. Schema 39) sind die gemeinsam in der Euphorbiaceae *Glochidion philippicum* neben Nα-(4-Oxodecanoyl)-histamin (CCXXXVII) vorkommenden Alkaloide Glochidin (CCXXXIX) und Glochidicin (CCXXXVIII) (*155, 156*).

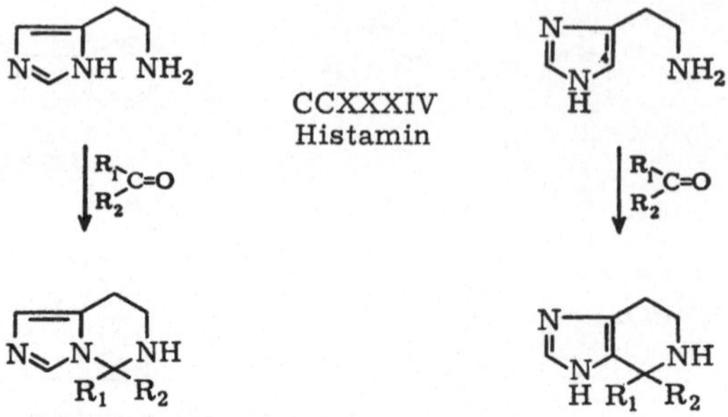

CCXXXIV
Histamin

CCXXXV

CCXXXVI

Schema 38. Möglichkeiten der Bildung von Mannich-Kondensationsprodukten aus Histamin

Das erste bekannte Beispiel eines Naturstoffes vom Imidazo [4,5-c] pyridin-Typ war das aus Haifischleber isolierte Spinacin (CCXL) (*4, 5, 6*). Im Zapotidin (CCXLII) (*4, 216, 217*) aus der Rutaceae *Casimiroea edulis* wird hingegen eine Kohlenstoffbrücke vom Aminostickstoff zum N-3

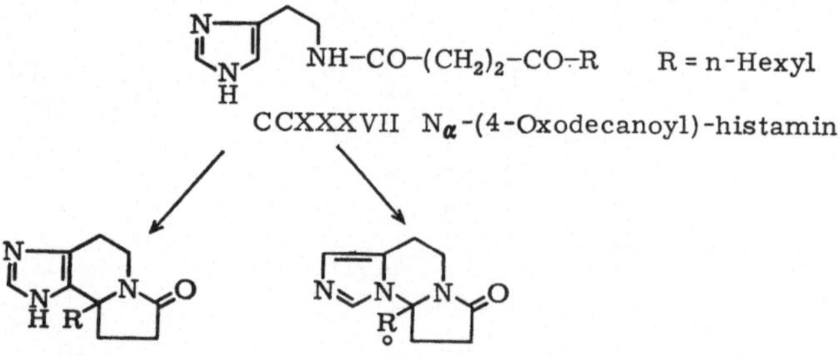

NH–CO–$(CH_2)_2$–CO–R R = n-Hexyl

CCXXXVII N_α-(4-Oxodecanoyl)-histamin

CCXXXVIII
Glochidicin

CCXXXIX
Glochidin

Schema 39. Die Biosynthese der Imidazolalkaloide aus Glochidion

geschlagen. Für dieses Alkaloid diskutiert man in Analogie zur Umwandlung von Glycosinolaten mit Myrosinase (*164*) eine Biosynthese aus dem hypothetischen Isothiocyanat (CCXLI) nach Schema 40 (*216*).

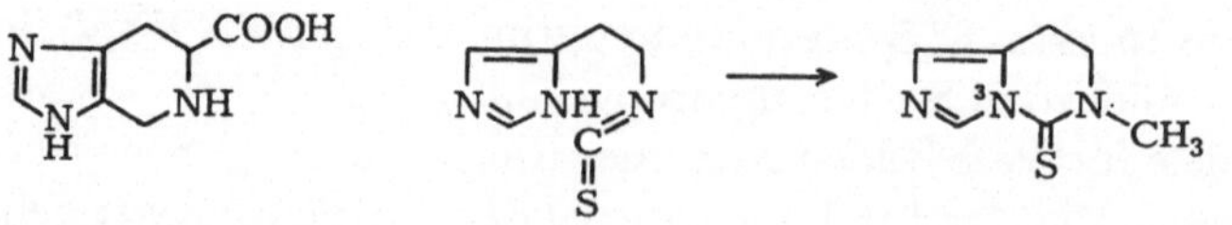

CCXL Spinacin CCXLI CCXLII Zapotidin

Schema 40. Hypothetischer Biosyntheseweg für das Zapotidin

Eine weitere bicyclische Base, die sich vom Histamin ableiten dürfte, ist als Baustein verschiedener Streptomyces-Antibiotika erkannt worden. Sie findet sich zum Beispiel im Streptolin (CCXLIII) und geht bei dessen Hydrolyse in Streptolidin (CCXLIV) über (*74*, *321*) (Schema 41).

CCXLIII — CCXLIV Streptolidin

Schema 42. Die hydrolytische Öffnung des Imidazo[4,5-c]-pyridin-Gerüstes im Streptolin

In der präparativen Chemie kennt man nur wenige Beispiele von Mannich-Kondensation mit Imidazolderivaten (*138*, *139*, *258*), und im Gegensatz zu anderen „aromatischen" Aminosäuren sind nur vereinzelte Naturstoffe bekannt, die aus Histidin in einer derartigen Reaktion gebildet sein könnten. Der Grund dafür ist wahrscheinlich in dem ausgeprägt aromatischen Charakter des Imidazols zu suchen. Auch Phenyläthylamin ist erst nach Aktivierung durch geeignete Substituenten zu derartigen Reaktionen fähig, während dem Pyrrolring im Tryptamin ohne weiteres die Bildung der großen Zahl von Indolalkaloiden möglich ist. Den Benzylisochinolinen und Indolalkaloiden analoge Basen des Histamins sind bisher unbekannt.

Die Imidazolalkaloide aus Pilocarpusarten (z.B. CCXLVIII) (*63*) könnten sich wie Histidin (CCXLVII) von Imidazolacetolphosphat (CCXLV) ableiten (*173*, s. Schema 42).

Die Imidazolylchinolinalkaloide wie das Macrorin (CCXLVI) aus Macrorungia longistrobus (*9*) dürften bei der Reaktion einer Histidinvorstufe mit Anthranilsäure entstehen.

Mit anderen Aminosäuren ist Histidin zur Bildung von Diketopiperazinen befähigt. Das Anhydrid von Prolin und Histidin z.B. findet sich im menschlichen Harn (*247*).

3.8 Anthranilsäure

Als Aminosäureanaloge können sich Anthranilsäure (CCXLIX), 3-Hydroxyanthranilsäure (CCLXXV), 4-Methyl-3-hydroxyanthranilsäure und Kynurenin (CCLVI) mit ihren Aminogruppen an der Ausbildung heterocyclischer Stickstoffverbindungen beteiligen. Dabei wird die Carboxylgruppe unterschiedlich verwertet:

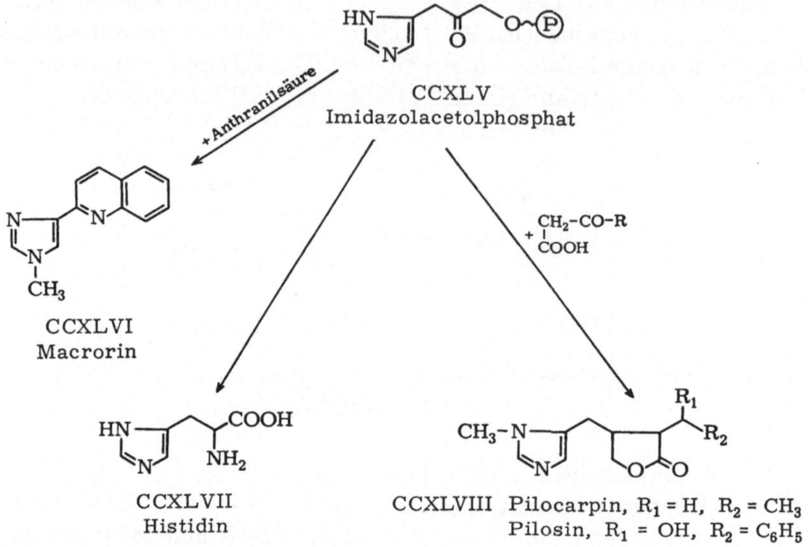

CCXLV
Imidazolacetolphosphat

+ Anthranilsäure

CCXLVI
Macrorin

CCXLVII
Histidin

CCXLVIII Pilocarpin, $R_1 = H$, $R_2 = CH_3$
Pilosin, $R_1 = OH$, $R_2 = C_6H_5$

Schema 43. Die Biosynthese des Histidins und einiger Imidazolalkaloide

1. Cyclisierung unter Einbau der Carboxylgruppe.
2. Cyclisierung ohne Einbau der Carboxylgruppe in den Ring.
3. Verlust der Carboxylgruppe (*200, 230*).

Bei den Anthranilsäurederivaten ist eine Anhydridbildung bisher nicht bekannt. Dagegen formieren sich diketopiperazinähnliche Diazepine aus Anthranilsäure (CCXLIX) mit Phenylalanin (XCIX) bzw. Prolin-

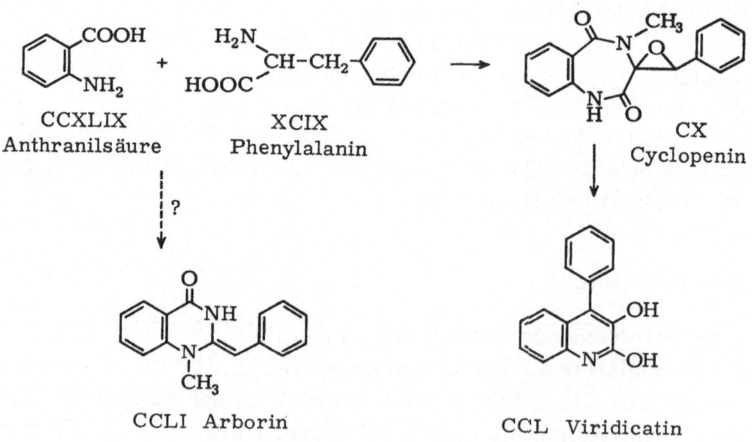

CCXLIX
Anthranilsäure

XCIX
Phenylalanin

CX
Cyclopenin

CCLI Arborin

CCL Viridicatin

Schema 43. Die Biosynthese des Viridicatins und Arborins

abkömmlingen. Dieses Ringsystem scheint aber nicht stabil zu sein und erfährt leicht eine Umlagerung zu einem sechsgliedrigen Ring.

Aus dem in Penicillium-Arten gefundenen Cyclopenin (CX) wird unter dem Einfluß des Enzyms Cyclopenase das Chinolinalkaloid Viridicatin (CCL) gebildet (*201, 202, 203*), wobei die Carboxylgruppe der Anthranilsäure (CCXLIX) verlorengeht (Schema 43).

Möglicherweise wird auch das Chinazolinalkaloid Arborin (CCLI) aus Anthranilsäure und einem Phenylpropankörper über ein Diazepin gebildet. Das Anthramycin (CCLII) aus Streptomyces refuineus besitzt ebenfalls einen Diazepinring (*188*), der aus 4-Methyl-3-hydroxyanthranilsäure und einem substituierten Prolin entstanden sein könnte. Nachdem die 4-Methyl-3-hydroxyanthranilsäure als Intermediäres der Biosynthese der Actinomycine erkannt wurde (*341*), nimmt man an, daß Beziehungen zu diesen Phenoxazonantibiotika bestehen. Tatsächlich geht Anthramycin bei der Oxydation mit Luftsauerstoff unter „physiologischen" Bedingungen in Verbindungen über, die den Actinomycinchromophor enthalten (*187*).

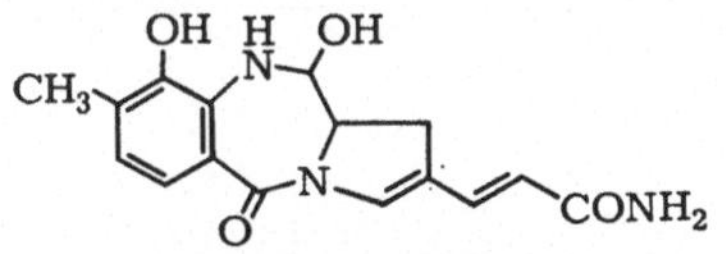

CCLII Anthramycin

Bei der Kondensation von Anthranilsäure mit geeigneten Reaktionspartnern können weitere Alkaloidtypen gebildet werden. Für die Chinolinbasen aus *Lunasia amara* (z.B. CCLIV) wird eine Bildung entsprechend Schema 44 angenommen (*111, 255, 282, 342*).

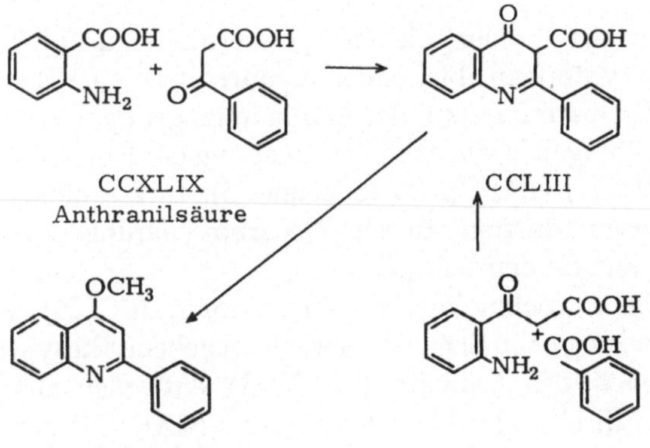

CCXLIX
Anthranilsäure

CCLIII

CCLIV
4-Methoxy-2-phenylchinolin

Schema 44. Bildungsweise der Lunasiabasen

Der Ringschluß zu CCLIII erfolgt durch Azomethinbindung und Aldolkondensation. Einen entsprechenden Mechanismus kann man für die Biosynthese der Angustura-Alkaloide wie Galipin (*63*) annehmen.

Als Substituenten am C-2 des Chinolins treten vielfach unverzweigte Seitenketten auf. Alkaloide dieses Typs (z. B. CCLV) wurden zuerst aus Pseudomonas aeruginosa (*80, 136*), später auch aus Pflanzen (*334*), isoliert. Als Precursoren sollten Anthranilsäure und β-Ketosäuren dienen (*80, 200, 255*). Biogeneseversuche an *Pseudomonas aeruginosa* zeigten, daß Anthranilsäure mit ihrer Carboxylgruppe in den Hydroxychinolinring der Pseudane (CCLV) eingebaut wird und außer der Seitenkette aus Acetat noch ein weiterer Baustein beteiligt sein muß (*201, 203*) (Schema 45).

C_1?

COOH, NH_2 + OH, O=C–$(CH_2-CO)_n-CH_3$

CCXLIX
Anthranilsäure

↓

OH, N, $(CH_2)_n-CH_3$

CCLV
Pseudane

O, NH_2, NH_2, COOH

CCLVI
Kynurenin

↓

OH, N, COOH

CCLVII
Kynurensäure

Schema 45. Die Bildung von Chinolinabkömmlingen

Als Sonderfall einer solchen Cyclisierung sind die Abkömmlinge des sich vom Tryptophan ableitenden Kynurenins (CCLVI) anzusehen. Dieses kann nach Desaminierung der Alaninaminogruppe direkt in eine Schiff'sche Base übergehen, die nach Verschiebung der Doppelbindung Kynurensäure (CCLVII) ergibt (*218*) (Schema 45). In 2-Stellung unsubstituierte Chinolinbasen dürften durch Decarboxylierung aus Kynurensäure (CCLVII) entstanden sein (*204*).

Für die Furochinoline, z. B. Dictamnin (CCLX) und Skimmianin (CCLXI) wird eine in Schema 46 wiedergegebene Biosynthesefolge postuliert, wonach das Chinolin (CCLVIII) entweder aus Anthranilsäure (CCXLIX) direkt oder über Tryptophan (CXCVII) entstehen soll (*207, 208, 224*). Die Precursoren des Furanringes sind Acetateinheiten. Manche Furochinoline besitzen am C-2 des Furans eine verzweigte Seitenkette, die auf eine Bildung aus Mevalonsäure deutet. Das Verhalten dieser

Alkaloide bei der Oxydation läßt vermuten, daß auch in der Pflanze ein oxydativer Übergang z.B. vom Platydesmin (CCLIX) zum Dictamnin (CCLX) entsprechend Schema 46 möglich ist (*85*). Danach wäre Mevalonsäure als Baustein des Furanringes zu diskutieren.

CO~SCoA, NH_2 + CH_3CO~SCoA → SCoA

CXCVII Tryptophan → COOH, CHO

CCLVIII

$+C_5$ $+C_2$

CCLIX Platydesmin (O–R)

CCLX Dictamnin $R_1, R_2 = H$

CCLXI Skimmianin $R_1, R_2 = OCH_3$

Schema 46. Die Bildung der Furochinolinalkaloide

Die Beteiligung der Mevalonsäure muß auch für die Biosynthese jener Alkaloide angenommen werden, bei den ein 2,2-Dimethylchromanring an den Chinolinteil kondensiert ist (z.B. CCLXIV und CCLXV) (*243*). Das Auffinden von Edulinin (CCLXII) in *Casimiroea edulis* (*328*) und einem Alkaloid der vermutlichen Struktur CCLXIII in Fagara zanthoxyloides (*88*) machen den in Schema 47 gezeigten gemeinsamen Biosyntheseweg wahrscheinlich.

Seitdem die Bildung der Acridinbasen (z.B. 1,2,3-Trimethoxy-N-methylacridon (CCLXVI) aus *Evodia alata*) unter „zellmöglichen" Bedingungen (s. Schema 48) gelungen ist (*146*), muß man annehmen, daß dieser Alkaloidtyp auch in der Pflanze aus Anthranilsäure entsprechend Schema 48 aufgebaut werden kann.

Das gemeinsame Vorkommen von Furochinolin- und Acridinalkaloiden z.B. in *Ravena spectabilis* (*83*) stützt diese Annahme. Auch bei den Acridinbasen wird die Anheftung eines Isoprenbausteines beobachtet. Beispiele dafür sind das Acronycin (CCLXVII) aus *Acronychia* (*214, 318*) und Noracronycin (CCLXVIII) aus *Glycosmis pentaphylla* (*113*).

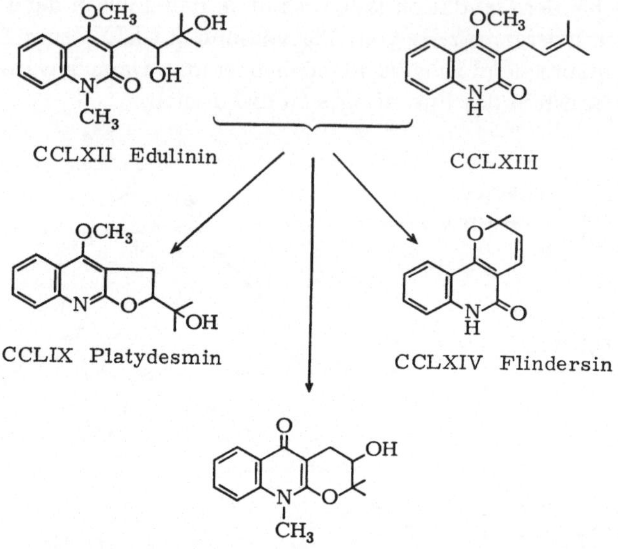

CCLXII Edulinin

CCLXIII

CCLIX Platydesmin

CCLXIV Flindersin

CCLXV Ribalinin

Schema 47. Die Bildung der Furo- und Chromochinoline

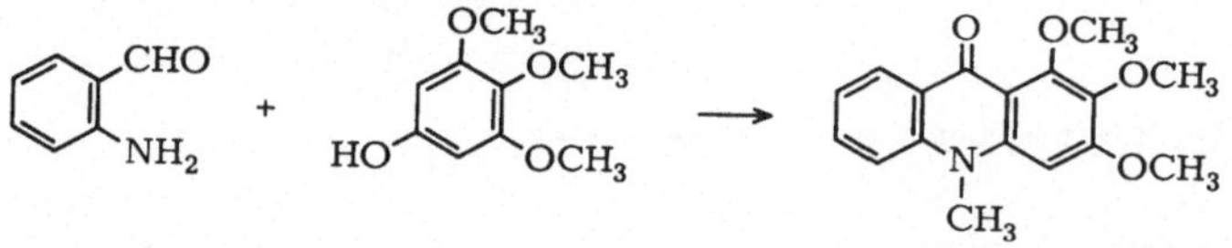

CCLXVI
1, 2, 3-Trimethoxy-N-methylacridon

Schema 48. Die Bildung von Acridinbasen unter „zellmöglichen" Bedingungen

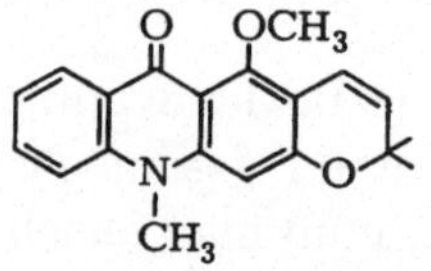

CCLXVII Acronycin

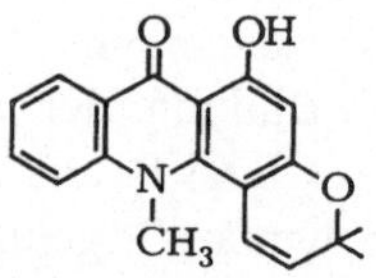

CCLXVIII Noracronycin

Die Biosynthese der Chinazolinalkaloide (Schema 49) ist zuerst beim Peganin (= Vasicin, CCLXX) untersucht worden (*117*) und bestätigt den postulierten Bildungsweg aus Anthranilsäure (CCXLIX) (*266*, *279*); die Synthese unter zellmöglichen Bedingungen war bereits gelungen (*279*).

Für den Pyrrolidinring im Peganin wird Prolin (*266*) oder ein Abkömmling der α-Ketoglutarat-Familie angenommen (*115, 116*). In diesem Zusammenhang ist das Auftreten von 6,7,8,9-Tetrahydropyrido[2,1-b] chinazol-11-on (CCLXIX) neben Anabasin (XXXIX) in Mackinlaya-Arten (Araliaceae) von biogenetischem Interesse (*93, 154*). Dadurch wird gezeigt, daß in einer Species, die Alkaloide der Lysinfamilie enthält, anstelle des Peganins in prinzipiell gleicher Art die höheren Homologen gebildet werden können.

Pentacyclische Alkaloide mit einem Chinazolingerüst finden sich in Evodiaarten (*63*). Unter „zellmöglichen" Bedingungen wird Rutaecarpin aus Tryptamin und N-Formylanthranilsäure aufgebaut (*280*). Bei *Evodia rutaecarpa* gelang der Einbau von Tryptamin-[3-^{14}C], Natriumformiat-[^{14}C] und Anthranilsäure-[^{3}H] in Rutaecarpin und Evodiamin (CCLXXIII) (*357*). Gegen die Annahme einer Mannich-Reaktion von N-Formylanthranilsäure (CCXLIX, R = CHO) und Tryptamin sprechen Inkorporationsversuche mit C_1-Donatoren. Es wird vielmehr eine Anlagerung von N-Methylanthranilsäure (CCXLIX, R = CH_3) an Dihydronorharman (CCLXXII) angenommen (*358*), da letzteres zu Additionen befähigt ist (*351*). Die Rolle des Rhetsinins (CCLXXIV) als Intermediäres ist fraglich, nachdem umgekehrt Evodiamin (CCLXXIII) schon bei kurzer Bestrahlung unter Ringöffnung in dieses Alkaloid übergeht (*359*).

Die einfachen Chinazolinalkaloide tierischen Ursprungs (*271*) zeigen eine entsprechende Biosynthese. Nach oraler Aufnahme oder Injektion von Anthranilsäure-[^{14}COOH] scheidet der Saftkugler *Glomeris marginata* mit dem Abwehrsekret radioaktives Glomerin (CCLXXI) und Homoglomerin aus (*272*).

Bei der Biosynthese der Phenoxazine (Schema 50), die durch die Cinnabarinsäure (CCLXXX) und die Actinomycin-Antibiotika (*66*) repräsentiert werden, bleibt bei der Cyclisierung die Carboxylgruppe zwar erhalten, wird aber nicht in den Ring eingebaut. Die Precursoren entspringen dem Tryptophanabbau. Als unmittelbare Vorstufen sind o-Aminophenole anzusehen, die sich präparativ durch leichte Oxydationsmittel, ja schon beim Durchleiten von Luft zu Phenoxazinen dimerisieren. Diese Reaktion wird in zwei Teilschritte gegliedert: 1. die (enzymatische) Oxydation des Monomeren und 2. die Kondensation. Entsprechende Fermentgarnituren (z.B. Phenoxazin-Synthetasen) sind in Pflanzen, Tieren und Streptomycesarten gefunden worden.

Für den ersten Schritt sind zwei alternative Möglichkeiten zu diskutieren: 1. Das Enzym katalysiert nur die Rückoxydation des biochemischen Oxydanten (z.B. Dopachinon, Cytochrom C) mittels Sauerstoff (im Falle der Tyrosinase und Cytochrom C-Oxydase), 2. das Enzym kann direkt als Elektronenüberträger vom Substrat zum Acceptor dienen. Das dürfte für die Enzyme zutreffen, die spezifisch für ein Substrat sind.

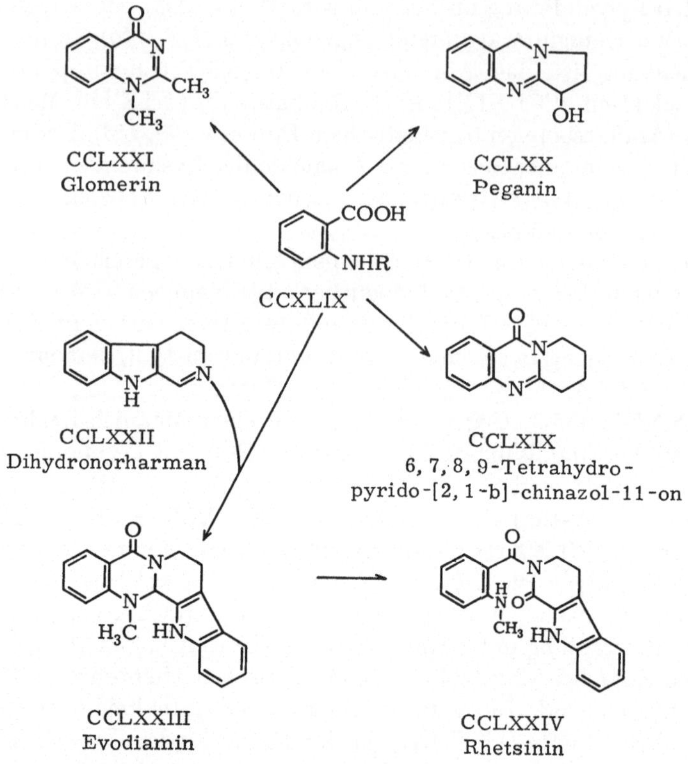

CCLXXI
Glomerin

CCLXX
Peganin

CCXLIX

CCLXXII
Dihydronorharman

CCLXIX
6, 7, 8, 9-Tetrahydro-pyrido-[2, 1-b]-chinazol-11-on

CCLXXIII
Evodiamin

CCLXXIV
Rhetsinin

Schema 49. Die Biosynthese der Chinazolinalkaloide

Auch für den zweiten Teilschritt der Reaktion gibt es zwei Möglichkeiten: 1. die spontane Kondensation zum Phenoxazingerüst, 2. die enzymatische Kondensation. Für die spontane Umsetzung spricht die Tatsache, daß niemals Zwischenprodukte gefaßt werden konnten. Die enzymatische Kondensation soll das Auftreten unsymmetrisch substituierter Phenoxazine erklären. Eingehende Studien mit einer tierischen Phenoxazinsynthetase erklären den ersten Schritt der Synthese als eine 2-Elektronenoxydation von 3-Hydroxyanthranilsäure (CCLXXV) zum entsprechenden o-Chinonimin (CCLXXVI) (*225*). Dieses verbindet sich entweder mit einem zweiten Molekül o-Chinonimin (zu CCLXXVII) oder addiert ein Molekül 3-Hydroxyanthranilsäure (zu CCLXXVIII) (Schema 50).

Wird als Aminophenol 3-Hydroxykynurenin eingesetzt, so bildet sich sowohl durch Oxydation mit Kaliumferricyanid (*73*) als auch unter dem Einfluß von Tyrosinase (*71*) (in Gegenwart von Dopa) das Arthropodenpigment Xanthommatin (CCLXXXII). Die Oxydation von 4-Methyl-

3-hydroxyanthranilsäure ergibt Actinocin (CCLXXXI, R=OH), den Chromophor der Actinomycin-Antibiotika (CCLXXXI, R = Peptidrest) (*66*).

Phenazine wie das Chlororaphin (CCLXXXIII) sind als Pigmente niederer Pilze wiederholt nachgewiesen worden (*220*, *300*).

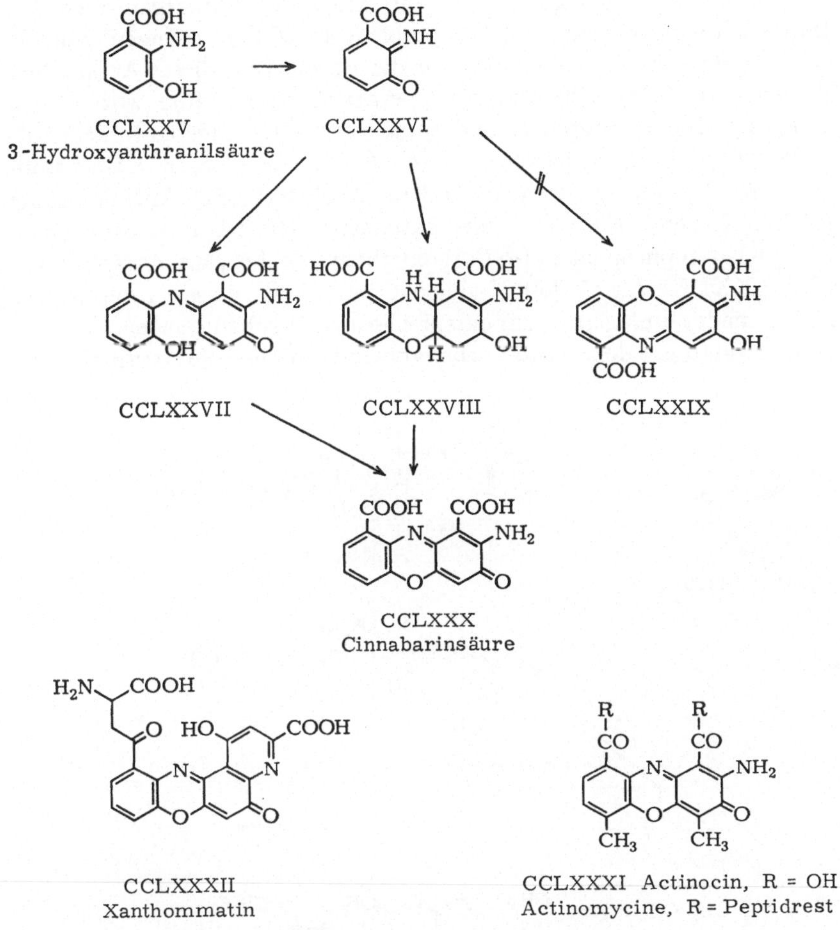

CCLXXV
3-Hydroxyanthranilsäure

CCLXXVI

CCLXXVII

CCLXXVIII

CCLXXIX

CCLXXX
Cinnabarinsäure

CCLXXXII
Xanthommatin

CCLXXXI Actinocin, R = OH
Actinomycine, R = Peptidrest

Schema 50. Bildungsmechanismus der Phenoxazinpigmente

Wie bei den Phenoxazinen ist auch hier bei der Bildung aus Anthranilsäure ein chinoides Zwischenprodukt anzunehmen. Als einziger Vertreter der Chindolinbasen ist das Cryptolepin (CXCIV) aus Crytpolepisarten isoliert worden (*108*). Biosynthetisch dürfte es aus Anthranilsäure unter Einbau der Carboxylgruppe entstehen.

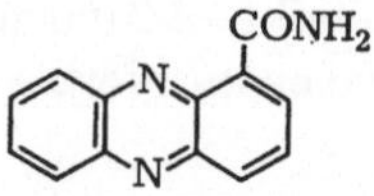

CCLXXXIII Chlororaphin

Aus der Beobachtung, daß in verschiedenen Mikroorganismen Anthranilsäure oder Indol das Tryptophan (CXCVII) ersetzen können, erhielt man erste Anhaltspunkte für die Biosynthese dieser Aminosäure (Schema 51) (*218*). Die Aminogruppe der Anthranilsäure wird in den Indolring des Tryptophans und in Nicotinsäure eingebaut (*245*), die Carboxylgruppe geht jedoch verloren (*239*). Die übrigen Kohlenstoffatome des Pyrrolringes werden von Ribose geliefert (*362*). Anthranilsäure (CCXLIX) kondensiert mit einer aktivierten Ribose, dem 5-Phosphoribosyl-1-pyrophosphat zu 1-o-Carboxyphenyl-D-ribosylamin-5′-phosphat (CCLXXXIV). Als Aldose-N-glykosid unterliegt dieses Intermediäre einer Amadoriumlagerung zur entsprechenden N-substituierten 1-Amino-1-desoxyketose, dem 1-(o-Carboxyphenyl-amino)-1-desoxyribulose-5′-

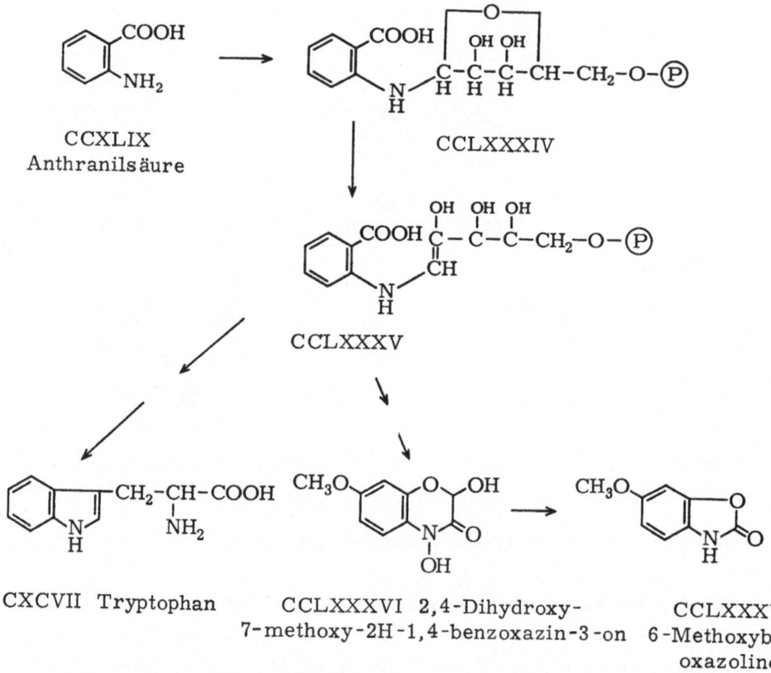

CCXLIX Anthranilsäure

CCLXXXIV

CCLXXXV

CXCVII Tryptophan

CCLXXXVI 2,4-Dihydroxy-7-methoxy-2H-1,4-benzoxazin-3-on

CCLXXXVII 6-Methoxybenzoxazolinon

Schema 51. Die Biosynthese des Tryptophans und des 2,4-Dihydroxy-7-methoxy-2H-1,4-benzoxazin-3-on phosphat (CCLXXXV). Ob die anschließende Decarboxylierung und der Ringschluß zum Indolyl-3'-glycerinphosphat auf einmal erfolgt oder in mehrere Teilschritte aufgegliedert wird, ist noch ungewiß.

Die Bildung des 2,4-Dihydroxy-7-methoxy-2H-1,4-benzoxazin-3-ons (CCLXXXVI), einer aus Gramineen als Monoglucosid isolierten Verbindung, dürfte einem ähnlichen Biosyntheseweg folgen und sich nur im Cyclisierungsmechanismus unterscheiden (*259*). Bei Insektenbefall wird eine Ringverengung unter Eliminierung von Ameisensäure beobachtet (*144, 335*). Das gebildete 6-Methoxybenzoxazolinon (CCLXXXVII) soll der eigentliche Resistenzfaktor gegen den Kornbohrer sein.

Die Beteiligung von Ribose am Aufbau heterocyclischer Ringsysteme ist außerdem bei der Biosynthese der Pterine (*303, 345*) wie Leucopterin (CCLXXXIX) und der 7-Desazapurine (*305*) wie Tubericidin (CCXC) aus präformierten Purinbasen beobachtet worden (s. Schema 52). Hier wird die Anthranilsäure durch ein Aminopyrimidin vertreten.

CCLXXXVIII

CCLXXXIX Leucopterin

CCXC Tubericidin

Schema 52. Die Bildung der Pterine und 7-Desazapurine

3.9 Kohlenhydrat-, Terpen- und Polyacetatbausteine

In den bisher aufgeführten Biosynthesebeispielen lieferten die Aminosäuren das Kohlenstoffgerüst und den Stickstoff zum Aufbau der heterocyclischen Ringsysteme. Andere Hypothesen gingen davon aus, daß Kohlenstoffskelett und Heteroatom auf getrennten Wegen entstehen und eingebaut werden. Als Vorstufen sollten Kohlenhydrate, Terpene oder Polyacetate dienen, an die der Stickstoff in einer Transaminierungsreaktion angeheftet wird.

Außer Tryptophan, 2,4-Dihydroxy-7-methoxy-1,4-benzoxazin-3-on, den Pterinen und 7-Desazapurinen gibt es kaum Anhaltspunkte für die unmittelbare Bildung von Heterocyclen aus Kohlenhydraten

(*342*). Die Polyacetathypothese hat dagegen bei einigen Piperidinbasen gute Resultate gezeigt (*176*). Für die Biosynthese des Coniins (CCXCI) ließ sich der Einbau markierten Acetats über ein Polyketid (CCXCII) nach Schema 53 beweisen. Es gibt jedoch Hinweise dafür, daß zumindest

$CH_3\overset{x}{C}OOH$ ⟶ CCXCII ⟶ CCXCI Coniin

Schema 53. Die Biosynthese des Coniins aus Acetat

in gewissen Stadien der Entwicklung der Lysinweg wie bei den anderen Piperidinalkaloiden (s. Schema 8) beschritten wird.

Eine interessante Theorie verwendet für die Entstehung der Lycopodiumalkaloide (z.B. CCXCIII) zwei C_8-Polyacetatketten (*77, 148*) und Ammoniak (s. Schema 54).

CH_3COOH ⟶ ⟶ CCXCIII Lycopodin

Schema 54. Die Biosynthese der Lycopodiumalkaloide

Die leichte Überführung von Gentiopikrosid (CCXCIV) in Gentianin (CCXCV) durch wäßrige Lösung von markiertem Ammoniak (*99*) zeigt, daß man mit einem weiteren Ringschlußprinzip rechnen muß (s. Schema 55). Für derartige Monoterpene und ihre stickstoffhaltigen Abkömmlinge konnte inzwischen die Bildung aus Mevalonsäureeinheiten bestätigt werden (z.B. *17*). Entsprechendes sollte für die Diterpenalkaloide zutreffen.

$C_6H_{11}O_5$–O ... CCXCIV Gentiopikrosid $\xrightarrow{+\dot{N}H_3}$ CCXCV Gentianin

Schema 55. Die in vitro Synthese von Gentianin

Das Grundgerüst der Steroid- (*283*) und Salamanderalkaloide (*128*, *275*) entstammt dem Cholesterin, und schon die Struktur beweist, daß der Stickstoff offenbar in einem späten Stadium der Biosynthese eingebaut wird. Eine Aussage über die dabei beteiligten Mechanismen und die Herkunft des Heteroatoms muß weiteren Untersuchungen vorbehalten bleiben.

Literatur

1. *Abe, M.:* Abh. Dtsch. Akad. Wiss. Berlin: Kl. Chem. Geol. Biol., Jg. 1966, Nr. 3, S. 393. Berlin: Akademie-Verlag.
2. *Abraham, E. P.*, and *G. G. F. Newton:* Biochem. J. *79*, 377 (1961).
3. —, *G. G. F. Newton*, and *S. C. Warren:* In *Z. Vanek* and *Z. Hostalek:* Biogenesis of Antibiotic Substances, S. 169. Prag: Verlag der Tschechoslowakischen Akademie der Wissenschaften 1965.
4. *Ackermann, D.*, u. *G. Hoppe-Seyler:* Z. Physiol. Chem. *336*, 283 (1964).
5. —, u. *M. Mohr:* Z. Biol. *98*, 37 (1937).
6. —, u. *S. Skraup:* Z. Physiol. Chem. *284*, 129 (1949).
7. *Albright, J. D.*, *J. C. van Meter*, and *L. Goldman:* Lloydia *28*, 212 (1965).
8. *Anwar, R. A.*, and *G. Oda:* J. Biol. Chem. *241*, 4638 (1966).
9. *Arndt, R. R.*, *A. Jordaan*, and *V. P. Joyut:* J. Chem. Soc. *1964*, 5969.
10. *Arnstein, H. R. V.*, and *M. Clubb:* Biochem. J. *65*, 618 (1957).
11. — — Biochem. J. *68*, 528 (1958).
12. —, and *J. C. Crawhall:* Biochem. J. *67*, 180 (1957).
13. —, and *P. T. Grant:* Biochem. J. *57*, 353 (1954).
14. —, and *H. Margreiter:* Biochem. J. *68*, 339 (1958).
15. —, and *D. Morris:* Biochem. J. *71*, 8p (1959).
16. — —, and *E. J. Toms:* Biochim. Biophys. Acta *35*, 561 (1958).
17. *Auda, H.*, *H. R. Juneja*, *E. J. Eisenbraun*, *G. R. Waller*, *W. R. Hays*, and *H. H. Appel:* J. Am. Chem. Soc. *89*, 2476 (1967).
18. *Auwers, K. v.*, u. *K. Ziegler:* Liebigs Ann. Chem. *425*, 217 (1921).
19. *Barker, A. C.*, *A. R. Battersby*, *E. McDonald*, *R. Ramage*, and *J. H. Clements:* Chem. Commun. *1967*, 390.
20. *Barton, D. H. R.:* Proc. Chem. Soc. *1963*, 293.
21. — In: Festschrift K. Mothes, S. 67. Jena: Gustav Fischer Verlag 1965.
22. — Chem. Brit. *3*, 330 (1967).
23. —, *D. S. Bhakuni*, *G. M. Chapman*, and *G. W. Kirby:* Chem. Commun. *1966*, 259.
24. — —, *G. M. Chapman*, *G. W. Kirby*, *L. J. Haynes*, and *K. L. Stuart:* J. Chem. Soc. *1967 C*, 1295.
25. —, u. *T. Cohen:* In: Festschrift A. Stoll, S. 117. Basel: Birkhäuser Verlag 1957.
26. —, *R. H. Hesse*, and *G. W. Kirby:* Proc. Chem. Soc. *1963*, 267.
27. —, *R. James*, *G. W. Kirby*, *D. W. Turner*, and *D. A. Widdowson:* Chem. Commun. *1966*, 294.
28. — — —, and *D. A. Widdowson:* Chem. Commun. *1967*, 266.
29. —, and *G. W. Kirby:* J. Chem. Soc. *1962*, 806.
30. —, *A. J. Kirby*, and *G. W. Kirby:* Chem. Commun. *1965*, 52.
31. — — — Abh. Dtsch. Akad. Wiss. Berlin: Kl. Chem. Geol. Biol., Jg. 1966, Nr. 3, S. 309. Berlin: Akademie-Verlag.

32. —, *G. W. Kirby, W. Steglich, G. M. Thomas, A. R. Battersby, T. A. Dobson*, and *H. Ramuz:* J. Chem. Soc. *1965*, 2423.
33. — —, and *A. Wiechers:* Chem. Commun. *1966*, 266.
34. — — — J. Chem. Soc. *1966 C*, 2313.
35. *Battersby, A. R.:* Quart. Rev. (London) *15, 272* (1961).
36. — Proc. Chem. Soc. *1963*, 189.
37. — In: Festschrift K. Mothes, S. 81. Jena: Gustav Fischer Verlag 1965.
38. — Abh. Dtsch. Akad. Wiss. Berlin: Kl. Chem. Geol. Biol., Jg. 1966, Nr. 3, S. 295. Berlin: Akademie-Verlag.
39. — Vortrag IUPAC-Symposium, Stockholm 1966.
40. —, *R. Binks*, and *R. Huxtable:* Tetrahedron Letters *1967*, 563.
41. — —, *W. Lawrie, G. V. Parry*, and *B. R. Webster:* J. Chem. Soc. *1965*, 7459.
42. —, *R. B. Bradbury, R. B. Herbert, M. H. G. Munro*, and *R. Ramage:* Chem. Commun. *1967*, 450.
43. —, *E. Brochmann-Hanssen*, and *J. A. Martin:* Chem. Commun. *1967*, 483.
44. —, and *T. H. Brown:* Chem. Commun. *1966*, 170.
45. — —, and *J. H. Clements:* J. Chem. Soc. *1965*, 4550.
46. — — —, and *G. Iverach:* Chem. Commun. *1965*, 230.
47. — —, *R. S. Kapil, A. O. Plunkett*, and *I. B. Taylor:* Chem. Commun. *1966*, 346.
48. —, *R. J. Francis, M. Hirst*, and *J. Staunton:* Proc. Chem. Soc. *1963*, 269.
49. — —, *E. A. Ruvedas*, and *J. Staunton:* Chem. Commun. *1965*, 89.
50. —, *B. Gregory, H. Spenser, J. C. Turner, M. M. Janot, P. Poitier, P. Francois*, and *J. Levisalles:* Chem. Commun. *1967*, 219.
51. —, *R. B. Herbert, E. McDonald, R. Ramage*, and *J. H. Clements:* Chem. Commun. *1966*, 603.
52. — —, *L. Pijewska*, and *F. Santavy:* Chem. Commun. *1965*, 228.
53. — —, and *F. Santavy:* Chem. Commun. *1965*, 415.
54. —, and *M. Hirst:* Tetrahedron Letters *1965*, 669.
55. *Birch, A. J.*, and *H. Smith:* In: CIBA Foundation Symposium on Amino Acids and Peptides with Antimetabolic Activity, S. 247. London: Churchill Ltd. 1958.
56. *Birkinshaw, J. H.*, and *Y. S. Mohammed:* Biochem. J. *85*, 523 (1962).
57. *Blaschke, G., H. I. Parker*, and *H. Rapoport:* J. Am. Chem. Soc. *89*, 1540 (1967).
58. *Blois, M. S., jun.*, and *R. F. Kallman:* Cancer Res. *24*, 863 (1964).
59. *Boekelheide, V.*, and *V. Prelog:* In *J. W. Cook*, Progress in Organic Chemistry, S. 242. London: Butterworth 1955.
60. *Böttger, I.:* Biol. Rundschau *3*, 105 (1966).
61. *Bogorad, L.:* In *P. Bernfeld*, Biogenesis of Natural Compounds, S. 183. Oxford: Pergamon Press 1963.
62. *Bohlmann, F.*, u. *D. Schumann:* Abh. Dtsch. Akad. Wiss. Berlin: Kl. Chem. Geol. Biol., Jg. 1966, Nr. 3, S. 195. Berlin: Akademie-Verlag.
63. *Boit, H.-G.:* Ergebnisse der Alkaloidchemie bis 1960, Berlin: Akademie-Verlag 1961.
64. —, u. *H. Flentje:* Naturwissenschaften *46*, 515 (1959).
65. *Bottomley, W.*, and *T. A. Geisman:* Phytochemistry *3*, 357 (1964).
66. *Brockmann, H.:* Fortschr. Chem. Org. Naturstoffe *18*, 1 (1960).
67. *Brown, G. M.*, and *J. J. Reynolds:* Ann. Rev. Biochem. *32*, 419 (1963).
68. *Brown, R. T.*, and *L. R. Row:* Chem. Commun. *1967*, 453.
69. *Butenandt, A.:* In: Festschrift A. Stoll, S. 869. Basel: Birkhäuser Verlag 1957.
70. — Angew. Chem. *69*, 16 (1957).
71. —, *E. Biekert* u. *B. Linzen:* Z. Physiol. Chem. *305*, 284 (1956).
72. —, *P. Karlson* u. *W. Zillig:* Z. Physiol. Chem. *288*, 279 (1951).

73. —, *U. Schiedt* u. *E. Biekert:* Liebigs Ann. Chem. *588*, 106 (1954).
74. *Carter, H. E., C. C. Sweeley, E. E. Daniels, J. E. McNary, C. P. Schaffner, C. A. West, E. E. v. Tamelen, J. R. Dyer* und *H. A. Whally:* J. Am. Chem. Soc. *83*, 4296 (1961).
75. *Chan, W. W. C.*, and *P. Maitland:* J. Chem. Soc. *1966*, 753.
76. *Chen, Y. S.:* Agr. Biol. Chem. (Tokyo) *24*, 372 (1960).
77. *Conroy, H.:* Tetrahedron Letters *1960*, 34.
78. *Cooke, R. G.*, and *H. F. Haynes:* Australian J. Chem. *7*, 99 (1954).
79. *Cormier, M. J.*, and *J. R. Totter:* Ann. Rev. Biochem. *33*, 431 (1964).
80. *Cornforth, J. W.*, and *A. T. James:* Biochem. J. *63*, 124 (1956).
81. *Craig, L. C., W. Konigsberg*, and *R. J. Hill:* In *G. E. W. Wolstenholme* and *C. M. O'Connor*, Amino Acids and Peptides with Antimetabolic Activity, S. 226. London: Churchill Ltd. 1958.
82. *Crow, W. D.*, and *J. H. Hodgkin:* Australian J. Chem. *17*, 119 (1964).
83. *Das, K. C.*, and *P. K. Bose:* Trans. Bose Res. Inst. (Calcutta) *26*, 129 (1963); C. A. *64*, 9777 (1966).
84. *Demain, A. L.:* In *J. F. Snell*, Biosynthesis of Antibiotics, Bd. 1, S. 30. New York: Academic Press 1966.
85. *Diment, J. A., E. Ritchie*, and *W. C. Taylor:* Australian J. Chem. *20*, 565 (1967).
85a. *Dobson, T. A., D. Desaty, D. Brewer*, and *L. C. Vining:* Can. J. Biochem. *45*, 809 (1967).
85b. *Dominguez, X. A., J. C. Delgado, W. P. Reeves*, and *P. D. Gardner:* Tetrahedron Letters *1967*, 2493.
86. *Dunnill, P. M.*, and *L. Fowden:* J. Exptl. Botany *14*, 237 (1963).
87. *Erdtman, H.*, u. *C. A. Wachberger:* In: Festschrift A. Stoll, S. 144. Basel: Birkhäuser Verlag 1957.
88. *Eshiet, I. T.*, and *D. A. H. Taylor:* Chem. Commun. *1966*, 467.
89. *Essery, J. M., D. J. McCaldin*, and *L. Marion:* Phytochemistry *1*, 209 (1962).
90. *Etlinger, L., E. Gäumann, R. Hutter, W. Keller-Schierlein, F. Kradolfer, L. Neipp, V. Prelog* u. *H. Zähner:* Helv. Chim. Acta *42*, 563 (1959).
91. *Fales, H. M.:* J. Am. Chem. Soc. *86*, 294 (1964).
92. *Ferris, J. P., C. B. Boyce*, and *R. C. Briner:* Tetrahedron Letters *1966*, 5129.
93. *Fitzgerald, J. S., S. R. Johns, J. A. Lamberton*, and *A. H. Redcliffe:* Australian J. Chem. *19*, 151 (1966).
94. *Fleeker, J.*, and *R. U. Byerrum:* J. Biol. Chem. *242*, 3042 (1967).
95. *Flentje, H., W. Döpke* u. *P. W. Jeffs:* Naturwissenschaften *52*, 259 (1965).
96. *Floss, H. G., U. Hornemann, N. Schilling, D. Erge*, and *D. Gröger:* im Druck.
97. — — —, *D. Gröger*, and *D. Erge:* Chem. Commun. *1967*, 105.
98. —, *U. Mothes* u. *H. Günther:* Z. Naturforsch. *19b*, 784 (1964).
99. — — u. *A. Rettig:* Z. Naturforsch. *19b*, 1106 (1964).
100. *Flynn, E. H., M. H. McCormick, M. C. Stamper, H. DeValeria*, and *C. W. Godzeski:* J. Am. Chem. Soc. *84*, 4594 (1962).
101. *Fowden, L.:* In *J. B. Pridham* and *T. Swain*, Biosynthetic Pathways in Higher Plants, S. 73. London: Academic Press 1965.
102. *Franck, B.*, and *G. Blaschke:* Tetrahedron Letters *1963*, 569.
103. — — Liebigs Ann. Chem. *695*, 144 (1966).
104. — — u. *G. Schlingloff:* Angew. Chem. *75*, 957 (1963).
105. —, u. *G. Schlingloff:* Liebigs Ann. Chem. *659*, 123 (1962).
106. *Fridrichsons, J.*, and *A. McL. Mathieson:* Tetrahedron Letters *1962*, 1265.
107. *Garay, A. S.*, and *G. H. N. Towers:* Can. J. Botany *44*, 231 (1966).
108. *Gellert, E., Raymond-Hamet* u. *E. Schlittler:* Helv. Chim. Acta *34*, 642 (1951).

109. *Gentles, M. J., J. G. Moss, H. L. Herzog,* and *E. B. Hershberg:* J. Am. Chem. Soc. *80,* 3702 (1958).
110. *Gervay, J. E., F. McCapra, T. Money,* and *G. M. Sharma:* Chem. Commun. *1966,* 142.
111. *Goodwin, S., A. F. Smith,* and *E. C. Horning:* J. Am. Chem. Soc. *79,* 2239 (1957).
112. *Goutarel, R., M. M. Janot, V. Prelog* u. *W. I. Taylor:* Helv. Chim. Acta *33,* 150 (1950).
113. *Govindachari, T. R., B. R. Pai,* and *P. S. Subramaniam:* Tetrahedron *22,* 3245 (1966).
114. *Gröger, D.:* unveröffentlicht.
115. —, *S. Johne* u. *K. Mothes:* Experientia *21,* 13 (1965).
116. — — — Abh. Dtsch. Akad. Wiss. Berlin: Kl. Chem. Geol. Biol., Jg. *1966,* Nr. 3, S. 581. Berlin: Akademie-Verlag.
117. — u. *K. Mothes:* Arch. Pharm. *203,* 1049 (1960).
118. — —, *H. G. Floß* u. *F. Weygand:* Z. Naturforsch. *18b,* 1123 (1963).
119. — —, *H. Simon, H. G. Floss* u. *F. Weygand:* Z. Naturforsch. *15b,* 141 (1960).
119a. —, u. *H. Simon:* Abh. Dtsch. Akad. Wiss. Berlin: Kl. Chem. Geol. Biol., Jg. 1963, Nr. 4. Berlin: Akademie-Verlag.
120. —, *K. Stolle,* and *K. Mothes:* Tetrahedron Letters *1964,* 2579.
121. — — — Arch. Pharm. *300,* 393 (1967).
122. *Groß, D., A. Feige, R. Stecher, A. Zureck* u. *H. R. Schütte:* Z. Naturforsch. *20b,* 1116 (1965).
123. —, *H. R. Schütte, G. Hübner,* and *K. Mothes:* Tetrahedron Letters *1963,* 541.
124. —, *A. Nemeckova* u. *H. R. Schütte:* Z. Pflanzenphysiol. *57,* 60 (1967).
125. *Grundon, M. F.,* and *J. E. B. McGarvey:* J. Chem. Soc. *1966,* 1082.
126. *Gupta, R. N.,* and *I. D. Spenser:* Chem. Commun. *1966,* 893.
127. — — Can. J. Chem. *45,* 1275 (1967).
128. *Habermehl, G.:* Naturwissenschaften *53,* 123 (1966).
129. *Hall, E. S., F. McCapra, T. Money, K. Fukumoto, J. R. Hanson,* and *B. S. Mootoo:* Chem. Commun. *1966,* 348.
130. — —, and *A. I. Scott:* Tetrahedron *23,* 4131 (1967).
131. *Harley-Mason, J.:* J. Chem. Soc. *1954,* 3651.
132. *Harris, D. L.,* and *J. Yavit:* Federation Proc. *16,* 192 (1957).
133. *Hassall, C. H.,* and *A. I. Scott:* In *W. D. Ollis,* Recent Developments in the Chemistry of Natural Phenolic Compounds, S. 119. New York: Pergamon Press 1961.
134. *Hasse, K., O. T. Ratych* u. *J. Salnikow:* Z. Physiol. Chem. *348,* 843 (1967).
135. *Haynes, L. J., K. L. Stuart, D. H. R. Barton, D. S. Bhakuni,* and *G. W. Kirby:* Chem. Commun. *1965,* 141.
136. *Hays, E. E., I. C. Wells, P. A. Katzman, C. K. Cain, F. A. Jacobs, S. A. Thayer,* and *E. A. Doisy:* J. Biol. Chem. *159,* 725 (1945).
137. *Hegnauer, R.:* Chemotaxonomie der Pflanzen, Bd. III. Basel: Birkhäuser Verlag 1964.
138. *Hellmann, H.,* u. *G. Opitz:* α-Aminoalkylierung. Weinheim: Verlag Chemie 1960.
139. — — Angew. Chem. *68,* 265 (1956).
140. *Herrmann, H., R. Hodges,* and *A. Taylor:* J. Chem. Soc. *1964,* 4315.
141. *Hodges, R.:* J. Chem. Soc. *1964,* 26.
142. —, and *J. S. Shannon:* Australian J. Chem. *19,* 1059 (1966).
143. *Hörhammer, L., H. Wagner* u. *W. Fritzsche:* Biochem. Z. *337,* 398 (1964).
144. *Honkanen, E.,* and *A. I. Virtanen:* Acta Chem. Scand. *15,* 221 (1961).

145. *Howard, B. H.*, and *H. Raistrick:* Biochem. J. *56*, 216 (1954).
146. *Hughes, G. K.*, and *E. Ritchie:* Australian J. Sci. Res. *A 4*, 423 (1951).
147. *Hylin, J. W.:* Phytochemistry *3*, 161 (1964).
148. *Inubushi, Y., H. Ishii, B. Yasui*, and *T. Harayama:* Tetrahedron Letters *1966*, 1551.
149. *Iwahara, S., M. Kikuchi, T. Tochikura*, and *K. Ogata:* Agr. Biol. Chem. (Tokyo) *31*, 694 (1967).
150. *Jackson, A. H.*, and *J. A. Martin:* J. Chem. Soc. *1966*, 2061.
151. —, and *P. Smith:* Chem. Commun. *1967*, 264.
152. *Jeffs, P. W., W. C. Archie*, and *D. S. Farrier:* J. Am. Chem. Soc. *89*, 2509 (1967).
153. *Jindra, A., P. Kovacs, H. Smogrovicova*, and *M. Sovova:* Lloydia *30*, 158 (1967).
154. *Johns, S. R.*, and *J. A. Lamberton:* Chem. Commun. *1965*, 267.
155. — — Chem. Commun. *1966*, 312.
156. — — Australian J. Chem. *20*, 555 (1967).
157. *Johnson, D. B., D. J. Howells*, and *T. W. Goodwin:* Biochem. J. *91*, 8P (1964); *98*, 30 (1966).
158. *Johnson, J. L., W. G. Jackson*, and *T. E. Eble:* J. Am. Chem. Soc. *73*, 2947 (1951).
159. *Kametani, T., K. Fukumoto, H. Yagi*, and *F. Satoh:* Chem. Commun. *1967*, 878.
160. —, *T. Kikuchi*, and *K. Fukumoto:* Chem. Commun. *1967*, 546.
161. *Kirby, G. W.:* Chem. Commun. *1965*, 546.
162. — Science *155*, 170 (1967).
163. —, and *H. P. Tiwari:* J. Chem. Soc. *1966*, 676.
164. *Kjaer, A.:* In *L. Zechmeister*, Fortschr. Chem. Org. Naturstoffe *18*, 122 (1960).
165. *Kodaira, Y.:* Agr. Biol. Chem. (Tokyo) *25*, 261 (1961).
166. *Kögl, F.*, u. *A. M. Municio:* Z. Physiol. Chem. *300*, 6 (1955).
167. *Kuizenga, M. H., J. W. Nelson, S. C. Lyster*, and *D. Ingle:* J. Biol. Chem. *160*, 15 (1945).
168. *Kupchan, S. M., S. Kubota, E. Fujita, S. Kobayashi, J. H. Block*, and *S. A. Telang:* J. Am. Chem. Soc. *88*, 4212 (1966).
169. *Leete, E.:* Chem. Ind. (London) *1955*, 537.
170. — J. Am. Chem. Soc. *78*, 3520 (1956).
171. — J. Am. Chem. Soc. *80*, 2162 (1958).
172. — Tetrahedron *14*, 35 (1961).
173. — In *P. Bernfeld*, Biogenesis of Natural Compounds, S. 739. London: Pergamon Press 1963.
174. — Tetrahedron Letters *1964*, 1619.
175. — J. Am. Chem. Soc. *86*, 3162 (1964).
176. — Science *147*, 1000 (1965).
177. — Abh. Dtsch. Akad. Wiss. Berlin: Kl. Chem. Geol. Biol., Jg. 1966, Nr. 3, S. 455. Berlin: Akademie-Verlag.
178. — J. Am. Chem. Soc. *88*, 4218 (1966).
179. — Ann. Rev. *18*, 179 (1967).
180. —, and *A. Ahmad:* J. Am. Chem. Soc. *88*, 4722 (1966).
181. — —, and *J. Kompis:* J. Am. Chem. Soc. *87*, 4168 (1965).
182. —, *E. G. Gros*, and *T. J. Gilbertson:* J. Am. Chem. Soc. *86*, 3907 (1964).
183. — — — Tetrahedron Letters *1964*, 587.
184. —, and *S. J. B. Murrill:* Phytochemistry *6*, 231 (1967).
185. —, and *S. Ueda:* Tetrahedron Letters *1966*, 4915.
186. —, and *J. N. Wemple:* J. Am. Chem. Soc. *88*, 4743 (1966).

187. *Leimgruber, W., A. D. Batcho,* and *F. Schenker:* J. Am. Chem. Soc. *87*, 5793 (1965).
188. —, *V. Stefanovic, F. Schenker, A. Karr,* and *J. Berger:* J. Am. Chem. Soc. *87*, 5791 (1965).
189. *Lewis, J. R.:* Chem. Ind. (London) *1962*, 159.
190. — Chem. Ind. (London) *1964*, 1672.
191. *Liebisch, H. W.:* In *K. Mothes* u. *H. R. Schütte*, Biosynthese der Alkaloide. Berlin: VEB Deutscher Verlag der Wissenschaften (im Druck).
192. —, *W. Maier,* and *H. R. Schütte:* Tetrahedron Letters *1966*, 4079.
193. —, *N. Marekow* u. *H. R. Schütte:* Z. Naturforsch. im Druck.
194. —, *B. Matschiner* u. *H. R. Schütte:* unveröffentlicht.
195. —, *A. Radwan* u. *H. R. Schütte:* unveröffentlicht.
196. —, u. *H. R. Schütte:* Z. Pflanzenphysiol. *57*, 434 (1967).
197. — — unveröffentlicht.
198. *Lockhart, I. M., E. P. Abraham,* and *G. G. F. Newton:* Biochem. J. *61*, 534 (1955).
199. *Loew, P., H. Goeggel,* and *D. Arigoni:* Chem. Commun. *1966*, 347.
200. *Luckner, M.:* Pharm. Praxis *1*, 155 (1965).
201. — Abh. Dtsch. Akad. Wiss. Berlin: Kl. Chem. Geol. Biol., Jg. 1966, Nr. 3, S. 445. Berlin: Akademie-Verlag.
202. —, u. *K. Mothes:* Arch. Pharm. *296*, 18 (1963).
203. —, and *C. Ritter:* Tetrahedron Letters *1965*, 741.
204. *Makino, K.,* and *K. Arai:* Science *121*, 143 (1955).
205. *Maldonado, L. A., J. Herran* y *J. Romo:* Ciencia (Mex.) *24*, 237 (1966); C. A. *65*, 15437 (1966).
206. *Manske, R. H. F.:* Can. J. Res. *20B*, 265 (1942).
207. *Matsuo, M.,* and *Y. Kasida:* Chem. Pharm. Bull. (Tokyo) *14*, 1108 (1966).
208. —, *M. Yamazaki,* and *Y. Kasida:* Biochem. Biophys. Res. Commun. *23*, 679 (1966).
209. *Mattoon, J. R.:* In *P. Bernfeld*, Biogenesis of Natural Products, S. 1. Oxford: Pergamon Press 1963.
210. —, *T. A. Moshier,* and *T. H. Kreiser:* Biochim. Biophys. Acta *51*, 615 (1961).
211. *McDonald, J. C.:* J. Biol. Chem. *237*, 1977 (1962).
212. — Can. J. Chem. *41*, 165 (1963).
213. — Biochem. J. *96*, 533 (1965).
214. *McDonald, P. L.,* and *A. V. Robertson:* Australian J. Chem. *19*, 275 (1966).
215. *McPharl, A. T.:* J. Chem. Soc. *1966*, 377.
216. *Mechoulam, R.,* and *A. Hirshfeld:* Tetrahedron *23*, 239 (1967).
217. —, *F. Sondheimer, A. Meleraux,* and *F. A. Kincl:* J. Am. Chem. Soc. *83*, 2022 (1961).
218. *Meister, A.:* Biochemistry of the Amino Acids. New York: Academic Press 1965.
219. *Miller, E. J., S. R. Pinell,* and *G. R. Martin:* Biochem. Biophys. Res. Commun. *26*, 132 (1967).
220. *Miller, M. W.:* The Pfizer Handbook of Microbial Metabolites. New York: McGraw-Hill 1961.
221. *Minale, L., M. Piatelli,* and *R. A. Nicolaus:* Phytochemistry *4*, 593 (1965).
222. *Mondon, A.,* and *M. Ehrhardt:* Tetrahedron Letters *1966*, 2557.
223. *Money, T., I. E. Wright, F. McCapra,* and *A. I. Scott:* Proc. Nat. Acad. Sci. U.S. *53*, 901 (1965).
224. *Monkovic, I.,* and *I. D. Spenser:* Chem. Commun. *1966*, 204.

225. *Morgan, L. R., D. M. Weimorts,* and *C. C. Aubert:* Biochim. Biophys. Acta *100,* 393 (1965).
226. *Mothes, K.:* Pharmazie *14,* 121, 177 (1959).
227. — Naturwissenschaften *52,* 571 (1965).
228. — Abh. Dtsch. Akad. Wiss. Berlin: Kl. Chem. Geol. Biol., Jg. 1966, Nr. 3, S. 27. Berlin: Akademie-Verlag.
229. — Lloydia *29,* 156 (1966).
230. — Deut. Apotheker-Z. *106,* 1409 (1966).
231. — In *K. Mothes* u. *H. R. Schütte,* Biosynthese der Alkaloide. Berlin: VEB Deutscher Verlag der Wissenschaften (im Druck).
231a. —, u. *A. Romeike:* In *W. Ruhland,* Handbuch der Pflanzenphysiologie, Bd. VIII. Berlin: Springer 1958.
232. —, u. *H. R. Schütte:* Angew. Chem. *75,* 265, 357 (1963).
232a. — — Biosynthese der Alkaloide. Berlin: VEB Deutscher Verlag der Wissenschaften (im Druck).
233. — —, *H. Simon* u. *F. Weygand:* Z. Naturforsch. *14b,* 49 (1959).
234. —, *F. Weygand, D. Gröger* u. *H. Grisebach:* Z. Naturforsch. *13b,* 41 (1958).
235. *Musso, H.:* Angew. Chem. *75,* 965 (1963).
236. *Nakayama, H.:* Vitamins (Kyoto) *11,* 20, 169 (1956).
237. *Neumann, D.,* and *H. B. Schröter:* Tetrahedron Letters *1966,* 1273.
238. *Newton, G. G. F., E. P. Abraham,* and *C. W. Hall:* Biochem. J. *58,* 94 (1954).
239. *Nyc, J. F., H. K. Michell, E. Liefer,* and *W. H. Langham:* J. Biol. Chem. *179,* 783 (1949).
240. *Ochoa, S.:* Naturw. Rundschau *19,* 483 (1966).
241. *O'Donovan, D. G.,* and *M. F. Kenneally:* J. Chem. Soc. *1967,* 1109.
242. —, and *M. F. Keogh:* J. Chem. Soc. *1966,* 1570.
243. *Ollis, W. D.,* and *I. O. Sutherland:* In *W. D. Ollis,* Chemistry of Natural Phenolic Compounds, S. 74. Oxford: Pergamon Press 1961.
244. *Paquette, L. A.,* and *J. W. Heimaster:* J. Am. Chem. Soc. *88,* 763 (1966).
245. *Partridge, C. W. H., D. M. Bonner,* and *C. Yanofsky:* J. Biol. Chem. *194,* 269 (1952).
246. *Partridge, S. M., D. F. Elsden, J. Thomas, A. Dorfman, A. Telser,* and *P. L. Ho:* Nature *209,* 399 (1966).
247. *Perry, T. L., K. S. C. Richardson, S. Hansen,* and *A. J. D. Friesen:* J. Biol. Chem. *240,* 4540 (1965).
248. *Pictet, A.:* Arch. Pharm. *244,* 389 (1906).
249. —, u. *T. Spengler:* Ber. Deut. Chem. Ges. *44,* 2030 (1911).
250. *Plieninger, H.:* Angew. Chem. *74,* 423 (1962).
251. — Abh. Dtsch. Akad. Wiss. Berlin: Kl. Chem. Geol. Biol., Jg. 1966, Nr. 3, S. 387. Berlin: Akademie-Verlag.
252. —, u. *G. Keilich:* Chem. Ber. *91,* 1891 (1958).
253. *Potier, P., C. Kan, J. LeMen, M. M. Janot, H. Budzikiewicz* et *C. Djerassi:* Bull. Soc. Chim. France *1966,* 2309.
254. *Prelog, V.:* In: Festschrift A. Stoll, S. 728. Basel: Birkhäuser Verlag 1957.
255. *Price, J. R.:* Fortschr. Chem. Org. Naturstoffe *13,* 302 (1956).
256. *Priestap, H. A., E. A. Ruveda, S. M. Albonico,* and *V. Deulofeu:* Chem. Commun. *1967,* 754.
257. *Pummerer, R., H. Puttfarcken* u. *P. Schopflocher:* Chem. Ber. *58,* 1811 (1925).
258. *Reichert, B.:* Die Mannich-Reaktion. Berlin: Springer 1959.
259. *Reimann, J. E.,* and *R. U. Byerrum:* Biochemistry *3,* 847 (1964).
260. *Reinbothe, H.:* Flora (Jena) *152,* 545 (1962).
261. *Robinson, B.:* J. Biol. Chem. *1964,* 1503.

262. *Robinson, R.:* J. Chem. Soc. *111*, 762 (1917).
263. — J. Chem. Soc. *111*, 876 (1917).
264. — Nature *162*, 524 (1948).
265. — Chem. Ind. (London) *1953*, 1317.
266. — The Structural Relations of Natural Products. Oxford: Clarendon Press 1955.
267. —, and *S. Sugasawa:* J. Chem. Soc. *1932*, 789.
268. —, and *H. T. Tauber:* Chem. Ind. (London) *1954*, 783.
269. *Rothstein, M.*, and *L. L. Miller:* J. Am. Chem. Soc. *76*, 1459 (1954).
270. *Santavy, F.:* Abh. Dtsch. Akad. Wiss. Berlin: Kl. Chem. Geol. Biol., Jg. 1966, Nr. 3, S. 311. Berlin: Akademie-Verlag.
271. *Schildknecht, H.*, u. *W. F. Wenneis:* Z. Naturforsch. *21b*, 552 (1966).
272. — — Tetrahedron Letters *1967*, 1815.
273. *Schöpf, C.:* Angew. Chem. *50*, 779, 797 (1937).
274. — Angew. Chem. *61*, 31 (1949).
275. — Experientia *17*, 285 (1961).
276. —, *F. Braun, K. Burkhardt, G. Dummer* u. *H. Müller:* Liebigs Ann. Chem. *626*, 123 (1959).
277. — — u. *A. Komzak:* Chem. Ber. *89*, 1821 (1956).
278. —, u. *G. Lehmann:* Liebigs Ann. Chem. *518*, 1 (1935).
279. —, u. *F. Oechler:* Liebigs Ann. Chem. *523*, 1 (1936).
280. —, u. *H. Steuer:* Liebigs Ann. Chem. *558*, 124 (1947).
281. —, u. *K. Thierfelder:* Liebigs Ann. Chem. *497*, 22 (1932).
282. — — Liebigs Ann. Chem. *518*, 127 (1935).
283. *Schreiber, K.:* Abh. Dtsch. Akad. Wiss. Berlin: Kl. Chem. Geol. Biol., Jg. 1966, Nr. 3, S. 65. Berlin: Akademie-Verlag.
284. *Schroeder, C., S. Preis*, and *K. P. Link:* Tetrahedron Letters *1960*, 23.
285. *Schröter, H. B.:* In *W. Ruhland*, Handbuch der Pflanzenphysiologie, VIII, S. 844. Berlin: Springer 1958.
286. — Abh. Dtsch. Akad. Wiss. Berlin: Kl. Chem. Geol. Biol., Jg. 1963, Nr. 4, S. 31. Berlin: Akademie-Verlag.
287. —, and *D. Neumann:* Tetrahedron Letters *1966*, 1279.
288. — — u. *K. Mothes:* unveröff.
289. *Schütte, H. R.:* In: Festschrift K. Mothes, S. 435. Jena: Gustav Fischer Verlag 1965.
290. — In *K. Mothes* u. *H. R. Schütte*, Biosynthese der Alkaloide. Berlin: VEB Deutscher Verlag der Wissenschaften (im Druck).
291. —, *K. L. Kelling, D. Knöfel*, and *K. Mothes:* Phytochemistry *3*, 249 (1964).
292. —, *D. Knöfel* u. *O. Heyer:* Z. Pflanzenphysiol. *55*, 110 (1966).
293. —, u. *B. Maier:* Arch. Pharm. *298*, 459 (1965).
294. —, *W. Maier*, and *K. Mothes:* Acta Biochim. Polon. *13*, 401 (1966).
294a. —, u. *K. Mothes:* Z. Chem. *3*, 278 (1963).
295. —, *U. Orban*, and *K. Mothes:* European J. Biochem. *1*, 70 (1967).
296. —, u. *G. Seelig:* Z. Naturforsch. *22b*, 824 (1967).
297. — — unveröffentlichte Versuche.
298. *Scott, A. J., F. McCapra*, and *E. S. Hall:* Chem. Eng. News *42*, 40 (1964).
299. *Shibata, S.:* Chem. Brit. *3*, 110 (1967).
300. —, *S. Natori*, and *S. Udagawa:* List of Fungal Products. University of Tokyo Press 1964.
301. *Shoji, J.*, and *S. Shibata:* Chem. Ind. (London) *1964*, 419.
302. *Shrimpton, D. M., G. S. Marks*, and *L. Bogorad:* Biochim. Biophys. Acta *71*, 408 (1963).
303. *Simon, H.:* In: Festschrift K. Mothes, S. 467. Jena: Gustav Fischer Verlag 1965.

304. *Smith, G. F.:* Ann. Rept. Progr. Chem. (Chem. Soc. London) *53,* 242 (1956).
305. *Smulson, M. E.,* and *R. J. Suhadolnik:* J. Biol. Chem. *242,* 2872 (1967).
306. *Snow, G. A.:* J. Chem. Soc. *1954,* 2588, 4080.
307. — Biochem. J. *97,* 166 (1965).
308. *Spenser, I. D.:* Lloydia *29,* 71 (1966).
309. —, u. *H. P. Tiwari:* Chem. Commun. *1966,* 55.
310. *Stammer, C. H., A. N. Wilson, C. F. Spencer, F. W. Bachelor, F. W. Holly,* and *K. Folkers:* J. Am. Chem. Soc. *79,* 3236 (1957).
311. *Stevans, C. M.,* and *C. W. DeLong:* J. Biol. Chem. *230,* 991 (1958).
312. *Stickings, C. E.:* Biochem. J. *72,* 332 (1959).
313. —, and *R. J. Townsend:* Biochem. J. *74,* 36P (1960).
314. — — Biochem. J. *78,* 412 (1961).
315. *Stoll, A., J. Renz* u. *A. Brack:* Helv. Chim. Acta *36,* 862 (1951).
316. *Suhadolnik, R. J.,* and *R. G. Chenoweth:* J. Am. Chem. Soc. *80,* 4391 (1958).
317. —, *A. G. Fischer,* and *J. Zulalian:* Proc. Chem. Soc. *1963,* 132.
318. *Svoboda, G. H., G. A. Poore, P. J. Simpson,* and *G. B. Boder:* J. Pharm. Sci. *55,* 758 (1966).
319. *Szantay, C., L. Töke,* and *P. Kolonits:* J. Organ. Chem. *31,* 1447 (1966).
320. *v. Tamelen, E. E.:* Fortschr. Chem. Org. Naturstoffe *19,* 224 (1961).
321. — J. Am. Chem. Soc. *83,* 4295 (1961).
322. *Tamura, S., A. Suzuki, Y. Aoki,* and *N. Otake:* Agr. Biol. Chem. (Tokyo) *28,* 650 (1964).
323. *Thomas, R.:* Tetrahedron Letters *1961,* 544.
324. — In: Biogenesis Antibiotic Substances, Mater. Panel Discussion Congr. Antibiotic, Prag 1964, S. 155.
325. *Thomson, R. H.:* In: Recent Progress in the Chemistry of Natural and Synthetic Colouring Matters, S. 99. New York: Academic Press 1962.
326. *Tiwari, H. P., W. R. Penrose,* and *I. D. Spenser:* Phytochemistry *6,* 1245 (1967).
327. *Tomita, M., Y. Okamoto, T. Kikuchi, K. Osaki, N. Nishikawa, K. Kamiya, Y. Sasaki, K. Matoba,* and *K. Goto:* Tetrahedron Letters *1967,* 2421, 2425.
327a. *Tomlinson, R. V., D. P. Kuhlman, P. F. Torrence,* and *H. Tieckelmann:* Biochim. Biophys. Acta *148,* 1 (1967).
328. *Toube, T. P., J. W. Murphy,* and *A. D. Cross:* Tetrahedron *23,* 2061 (1967).
329. *Trier, G.:* Über einfache Pflanzenbasen und ihre Beziehungen zum Aufbau der Eiweißstoffe und Lecithine. Berlin: Verlag Gebr. Borntraeger 1912.
330. *Trown, P. W., E. P. Abraham, G. G. F. Newton, C. W. Hale,* and *G. A. Miller:* Biochem. J. *84,* 157 (1962).
331. —, *M. Sharp,* and *E. P. Abraham:* Biochem. J. *86,* 280 (1963).
332. —, *B. Smith,* and *E. P. Abraham:* Biochem. J. *86,* 284 (1963).
333. *Tschesche, R., R. Welters* u. *H. W. Fehlhaber:* Chem. Ber. *100,* 323 (1967).
334. —, and *W. Werner:* Tetrahedron *23,* 1873 (1967).
335. *Wahlroos, O.,* and *A. I. Virtanan:* Acta Chem. Scand. *13,* 1906 (1959).
336. *Waiss, A. C.,* and *J. Corse:* J. Am. Chem. Soc. *87,* 2068 (1965).
337. *Waller, G. R., K. S. Yang, R. K. Gholson,* and *L. A. Hadwiger:* J. Biol. Chem. *241,* 4411 (1966).
338. *Wanzlick, H. W.:* Angew. Chem. *76,* 313 (1964).
339. *Warnhoff, E. W., J. C. N. Ma,* and *P. Reynolds-Warnhoff:* J. Am. Chem. Soc. *87,* 4198 (1965).
340. *Weisiger, J. R., W. Hausmann,* and *L. C. Craig:* J. Am. Chem. Soc. *77,* 731, 3123 (1955).

341. *Weissbach, H., B. Refield, V. Beavan,* and *E. Katz:* Biochem. Biophys. Res. Commun. *19,* 524 (1965).
342. *Wenkert, E.:* Experientia *15,* 165 (1959).
343. — J. Am. Chem. Soc. *84,* 98 (1962).
344. *Weygand, F.,* u. *H. G. Floss:* Angew. Chem. *75,* 783 (1963).
345. —, *H. Simon, G. Dahms, M. Waldschmidt, H. J. Schliep* u. *H. Wacker:* Angew. Chem. *73,* 402 (1961).
346. *Whaley, W. M.,* and *T. R. Govindachari:* Org. Reactions *6,* 151 (1951).
347. — — Org. Reactions *6,* 74 (1951).
348. *Wildman, W. C., H. M. Fales, R. J. Highet, S. W. Breuer,* and *A. R. Battersby:* Proceeding *1962,* 180.
349. *Wilson, E. M.:* Tetrahedron *21,* 2561 (1965).
350. *Winstead, J. A., R. J. Suhadolnik:* J. Am. Chem. Soc. *82,* 1644 (1960).
351. *Winterfeldt, E.,* u. *H. Radunz:* Chem. Ber. *100,* 1680 (1967).
352. *Winterstein, E.,* u. *G. Trier:* Die Alkaloide. Berlin: Verlag Gebr. Borntraeger 1931.
353. *Wintersteiner, O.,* and *J. J. Pfiffner:* J. Biol. Chem. *111,* 599 (1935).
354. *Woodward, R. B.:* Nature *162,* 155 (1948).
355. — Angew. Chem. *68,* 13 (1956).
356. *Wyler, H., T. J. Mabry* u. *A. S. Dreiding:* Helv. Chim. Acta *46,* 1745 (1963).
357. *Yamazaki, M.,* and *A. Ikuta:* Tetrahedron Letters *1966,* 3221.
358. — —, *T. Mori,* and *T. Kawana:* Tetrahedron Letters *1967,* 3317.
359. —, and *T. Kawana:* J. Pharm. Soc. Japan (Yakugaku-Zasshi) *87,* 608 (1967).
360. —, and *E. Leete:* Tetrahedron Letters *1964,* 1499.
361. —, *M. Matsuo,* and *K. Aral:* Chem. Pharm. Bull. (Tokyo) *14,* 1058 (1966).
362. *Yanofsky, C.:* J. Biol. Chem. *217,* 345 (1955).
363. *Zeile, K.:* Angew. Chem. *66,* 729 (1954).
364. *Zulalian, J.,* and *R. J. Suhadolnik:* Proc. Chem. Soc. *1964,* 422.

Eingegangen am 7. Oktober 1967

Tetrahydropterine, Katalysatoren der Phenylalanin-Hydroxylierung

Prof. Dr. M. Viscontini

Organisch-Chemisches Institut der Universität Zürich

Inhalt

I. Einleitung

Stoffe, die das Pteridin-Gerüst (I) enthalten, sind im Tierreich sehr weit verbreitet. Die häufig farbigen Verbindungen haben schon früh das Interesse der Biologen und Chemiker geweckt, da sie bei zahlreichen

(Ia) (Ib)

Insekten, insbesondere bei den Schmetterlingen, die Farbenvielfalt verursachen. Als erster versuchte **1885** *F. G. Hopkins* (*22*) sie zu isolieren. Allerdings erlaubten es ihm die damaligen analytischen Methoden noch nicht, zum Ziele zu gelangen. Erst 40 Jahre später konnte eindeutig gezeigt werden, daß die Schmetterlingspigmentierung aus einer Mischung von chemischen Substanzen herrührt; verbesserte Isolierungsmethoden gestatteten dann *H. Wieland* und *C. Schöpf*, aus Schmetterlingsflügeln das erste gelbe Pigment kristallin zu gewinnen, das sie, weil seine Summenformel eine gewisse Ähnlichkeit mit jener des Xanthins aufweist, Xanthopterin nannten (*83*). Sie schlugen gleichzeitig den allgemeinen Namen Lepidopterine oder — abgekürzt — Pterine für die Flügelpigmente vor. Sie erahnten damals die Bedeutung nicht, die die Pterine zwar nicht als Pigmente, sondern als Wirkstoffe und Coenzyme in der Biochemie erlangen sollten.

Literaturzusammenfassungen über die Pterinchemie veröffentlichten *A. Albert* (*1, 2*), *W. Pfleiderer* (*47*) und der Autor (*60, 61*).

II. Das Pterin und seine Derivate

Das Pteridin (I), Grundgerüst aller natürlicher Pterine, ist eine gelbe, gut kristallisierte heterocyclische Base, die in Wasser und organischen Lösungsmitteln löslich ist. Es besteht aus einem Pyrimidin-Kern, der mit einem Pyrazin-Ring orthokondensiert ist.

Die deutsche Schule, die in den Pterinen das Gerüst des Pteridins (I) erkannte, benutzte die vom Purin abgeleitete Bezifferung (Ib). Sie ist sicher die logischere; die Biochemiker wissen ja, daß das Pteridingerüst wie das Riboflavingerüst aus Purinbasen aufgebaut ist. Es wäre richtig gewesen, für ähnliche biosynthetisierte Substanzen ähnliche Bezifferungen zu verwenden. Die Organiker der englischsprechenden Länder betrachten aber nur die Existenz von zwei orthokondensierten sechsgliedrigen Ringen, wie beim Naphthalin, und verwenden eine entsprechende Bezifferung Ia. Diese hat sich allmählich durchgesetzt, doch ist die Pterinchemie heute noch durch diese unterschiedliche Bezifferung erschwert. In dieser Arbeit wird die Bezifferung (Ia) benutzt.

Das Pteridin als Grundkörper der natürlichen Pterine besitzt nur theoretische Bedeutung und wird nicht näher behandelt, da es in der Natur nicht vorkommt.

A. Pterine in der Natur

Substituiert man das Pteridin (I) in 2- und 4-Stellung durch je eine Amino- und Hydroxy-Gruppe, so erhält man eine Substanz, in welcher der aromatische Charakter durch Einführung von zwei stark elektronegativen Substituenten ausgeprägter wird. Von den elektronischen Strukturen, die theoretisch möglich sind, überwiegt in der neutralen Form jene des 2-Amino-4-oxo-3,4-dihydropteridins (II). Diese Substanz stellt das Skelett aller natürlichen Pterine dar und wird der Einfachheit halber als *Pterin* bezeichnet (*79*, *93*).

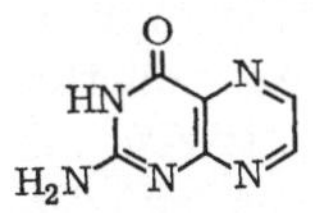

(II) 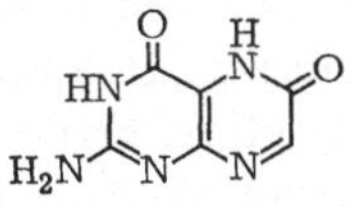 (III) 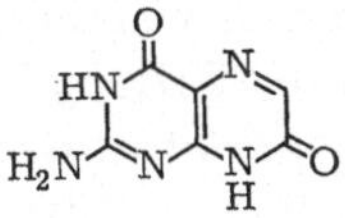 (IV) 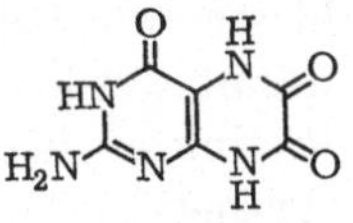 (V)

Das Pterin befindet sich, wenn auch nur als Spurenstoff, in allen Lebewesen und kann entweder in 6- oder in 7-Stellung enzymatisch oxydiert werden, worauf das *Xanthopterin* (III) bzw. das *Isoxanthopterin* (IV) entsteht. Das Xanthopterin selbst kann durch Xanthinoxydase zu *Leukopterin* (V) weiter oxydiert werden. Diese drei letztgenannten Pterine scheinen Endprodukte des Pterinstoffwechsels zu sein, welche entweder ausgeschieden (z.B. im Harn) oder als Pigmente (Insektenhaut, -flügel etc.) angelagert werden.

Als wichtige Pterine seien hier auch die *Folsäure* (VI) und das *Biopterin* (VII) genannt, beide mit Vitamin- und Wuchsstoffeigenschaften. Die Folsäure, die aus 6-Methyl-pterin, p-Amino-benzoesäure und L-

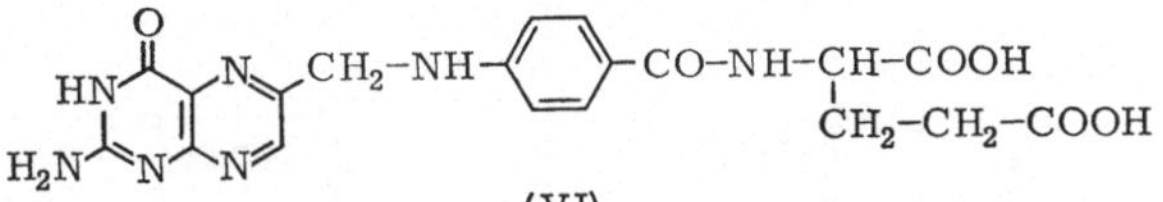

(VI)

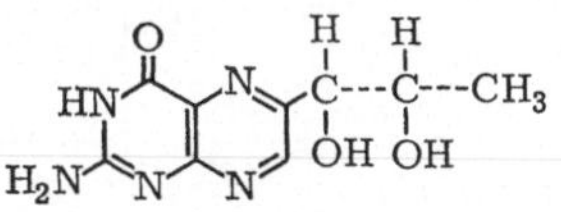

(VII)

Glutaminsäure aufgebaut ist, gehört der Reihe der „konjugierten Pterine" an. Darunter versteht man Pterinverbindungen, die durch chemische Reaktionen, wie Hydrolysen, in ihre Bausteine zerlegt werden. Die sog. „nicht konjugierten" Pterine kommen immer ungebunden in der Natur vor.

B. Hydrierte Pterine in der Natur

Nicht die oben erwähnten beständigen, reaktionsträgen Pterine, konjugiert oder nicht konjugiert, mit ihrem ausgeprägten aromatischen Charakter sind von biologischer Bedeutung, sondern die davon abgeleiteten hydrierten Pterine. Bei diesen Substanzen ist der Pyrazinring reduziert worden, der aromatische Charakter also verlorengegangen, und somit sind sie außerordentlich reaktionsfähig. Zahlreiche Vertreter dieser Stoffklasse sind bekannt und wurden aus Lebewesen isoliert. Hier muß erwähnt werden, daß die Tetrahydropterin-Struktur des ersten isolierten Produktes dieser Art, des Citrovorum-Faktors, erst nach Vergleich mit synthetisch hergestellten, hydrierten Pterinen erkannt worden ist. Tatsächlich war die Substanz in so geringer Menge isoliert worden, daß eine direkte Konstitutionsaufklärung nicht möglich war.

1) Hydrierte konjugierte Pterine

Vor 20 Jahren war bekannt, daß der Citrovorum-Faktor, in der Literatur auch oft als Leucovorin bezeichnet, ein Wuchsstoff des Mikroorganismus *Leuconostoc citrovorum* ist. *H. E. Sauberlich* (*53*) ist es zu verdanken, daß die Verwandtschaft zwischen Folsäure und Citrovorum-Faktor vermutet wurde. Auf Grund seiner Befunde synthetisierten die Chemiker Folsäurederivate als Vergleichsstoffe. Fast gleichzeitig wurde von mehreren Forschungsgruppen gezeigt, daß N(5)-Formyl-tetrahydrofolsäure (VIII), mit NaOH behandelt, sich in ein Produkt (IX) mit allen biologischen Eigenschaften des Citrovorum-Faktors umwandelt (*6, 7, 42, 50, 52, 55*).

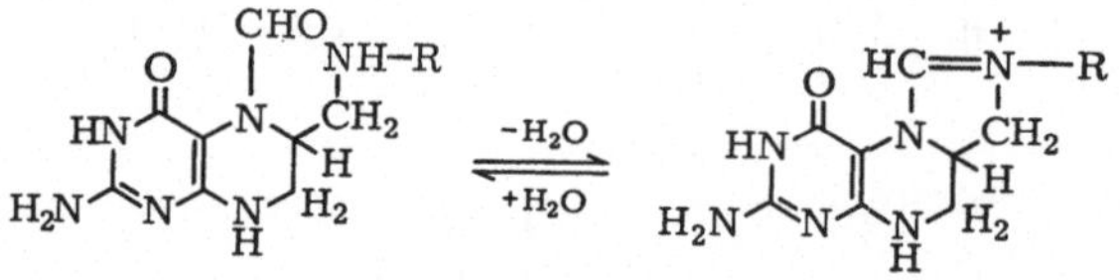

(VIII) $\underset{+H_2O}{\overset{-H_2O}{\rightleftharpoons}}$ (IX)

R = Benzoyl-glutaminsäure-Rest

Diese Forschungen brachten die ersten Kenntnisse auf dem Gebiet der Tetrahydropterine, und nach ihrem Abschluß wußte man, daß die Tetrahydropterine der allgemeinen Struktur X gegenüber Oxydationsmitteln unbeständig, N(5)-Formyl-tetrahydropterine der allgemeinen Struktur (XI) in Gegenwart von O_2 hingegen stabil sind.

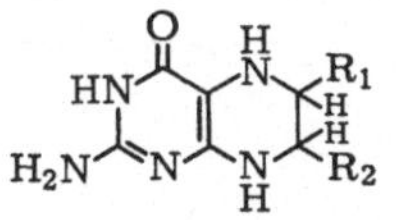

(X) 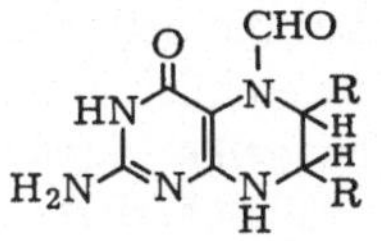 (XI)

(Xa) $R_1 = R_2 = H$

(Xb) R_1 = Folsäure-Rest $R_2 = H$

(Xc) $R_1 = -\underset{OH}{\overset{H}{C}}\cdots\underset{OH}{\overset{H}{C}}\cdots CH_3$ $R_2 = H$

(Xd) $R_1 = CH_3$ $R_2 = H$

(Xe) $R_1 = CH_3$ $R_2 = CH_3$

2) Sepiapterin

Einige Jahre später wurden aus *Drosophila melanogaster* eine Reihe von Pterinen isoliert, u. a. das Pterin (VII) (*16, 69, 70, 71, 78*), das identisch ist mit jenem von *Patterson* et al. aus menschlichem Harn isolierten und von ihnen bezeichneten Biopterin (*43, 44, 45*).

Die Mehrzahl der anderen Substanzen gehörte der Reihe der hydrierten Pterine an. Obwohl einige Strukturvorschläge vorliegen, sind leider bis heute keine eindeutigen Synthesen dieser hydrierten Substanzen gelungen, so daß immer noch keine exakte Aussage über die Elektronenverteilung in diesen Molekülen gemacht werden kann.

Das erste dieser Pterine, ein gelbes Pigment, wurde von *Forrest* und *Mitchell* (*14, 15*) isoliert und näher untersucht. Den Beweis seiner Pterinnatur brachte die photochemische Zersetzung bei Bestrahlung mit Sonnenlicht in alkalischer Lösung, wobei die Pterin-6-carbonsäure (XII)

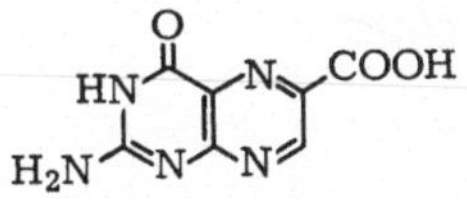

(XII) 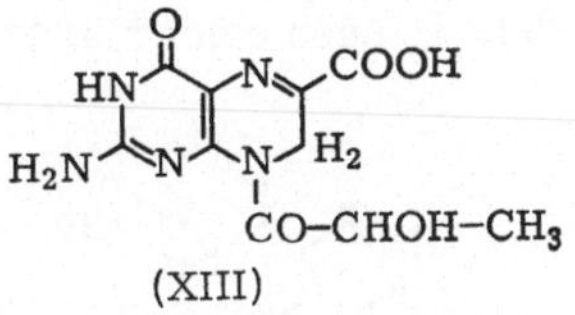 (XIII)

entstand. Die Perjodsäure-Oxydation setzt 1 Mol Acetaldehyd frei; mit Hydroxylamin und 2,4-Dinitrophenylhydrazin wird ein Oxim bzw. ein Hydrazon gebildet. Eine Carbonylgruppe ist demnach im Molekül vorhanden.

Die über die Seitenkettenstruktur erhaltenen Ergebnisse ließen nun auf die Anwesenheit eines Lactylrestes schließen, und die Autoren schlugen für das gelbe Pigment die Formel (XIII) vor, obwohl dieses keine Carbonylgruppe besitzt.

Dieses gelbe Pigment, von *Ziegler* und *Hadorn* später als Sepiapterin bezeichnet[1] (*92*), konnte von *Viscontini* und Mitarbeitern rein und kristallin isoliert werden. Das reine Sepiapterin, das besonders unbeständig gegenüber Licht und Sauerstoff ist, läßt sich leicht mit $NaBH_4$ reduzieren. Das hydrierte Sepiapterin zeigt ein typisches 5,6,7,8-Tetrahydropterin-UV-Spektrum. An der Luft oxydiert, wandelt sich das hydrierte Sepiapterin in Biopterin um, womit die Verwandtschaft zwischen Sepiapterin und Biopterin bewiesen ist (*60, 73, 74*). Die Zürcher Forschungsgruppe schlug daher für das Pigment die Struktur (XIV) vor. Offen blieb nur die Frage, ob der Pigmentkern ein Dihydro- oder ein Tetrahydropterin sei; Versuche von *Nawa* (*41*) deuten auf die teilweise Hydrierung des Pyrazin-

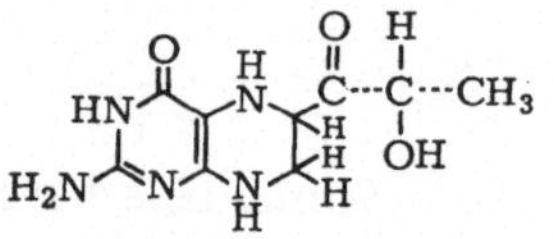

(XIV) 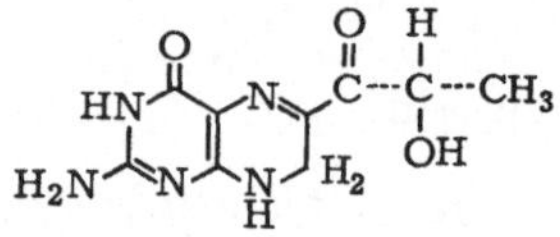 (XV)

ringes hin. Die Formel (XV) wäre somit für das Sepiapterin richtig. Erst eine Synthese wird die Strukturfrage entscheiden können.

3) Isosepiapterin

Neben Sepiapterin wurde aus *Drosophila melanogaster* ein zweites gelbes Pigment, das Isosepiapterin, kristallin erhalten, ebenfalls in sehr kleiner Menge. Die UV-Spektren dieser beiden Pigmente sind praktisch identisch (*60, 73, 74*), die chemischen Eigenschaften sehr ähnlich, daher schlugen *Viscontini* et al. für das Isosepiapterin Formel (XVI) vor. Zwei Jahre zuvor hatten *Forrest* et al. aus der blaugrünen Alge *Anacystis nidulans* größere Mengen einer Substanz isoliert, die sich später

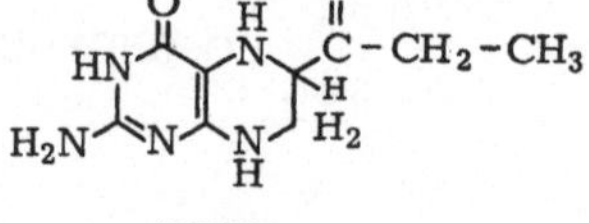

(XVI) 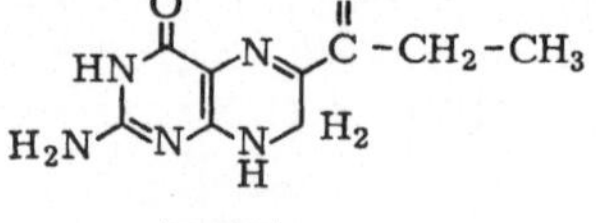 (XVII)

[1] Der Name leitet sich von der Tatsache ab, daß die Substanz zum erstenmal aus *Drosophila*-sepiamutant isoliert wurde.

mit dem Isosepiapterin als identisch erwies (*10, 11, 13*). Auf Grund zahlreicher Abbaureaktionen und NMR-Messungen (*17*) schlugen sie ebenfalls für das Isosepiapterin die Formel eines 7,8-Dihydropterins (XVII) vor.

4) Drosopterine

Die Drosopterine bilden bei *Drosophila melanogaster* eine andere Gruppe von rotgefärbten Pigmenten. Ihre Isolierung auf Cellulosepulver-Säulen führte zu einer Trennung von drei Komponenten mit Pteringerüsten, denen *Viscontini* et al. die Namen Drosopterin, Isodrosopterin und Neodrosopterin (*65, 67*) gaben. Fast 20 Jahre früher hatte *E. Lederer* die Pterinnatur des roten Pigments der Drosophila-Augen vermutet und sprach schon damals von Drosopterin (*37*), dessen geeignete Benennung von den Zürcher Autoren übernommen wurde.

Viscontini et al. schlugen für die drei Pigmente Formeln vor, die ein gleiches Biopteringerüst, aber verschiedene dihydrierte Strukturen aufweisen. Diese Strukturen werden vorwiegend durch oxydative Abbaureaktionen und Redoxreaktionen gestützt, wobei Pterin-6-carbonsäure (XII) und Biopterin (VII) entstehen. Als diese Arbeiten in Zürich ausgeführt wurden, zeigte sich, daß während der Oxydation von Tetrahydropterin Xa an der Luft rote Kondensationsprodukte dimerer Natur, deren UV-Spektren jenen der Drosopterine sehr ähnlich sind, entstehen (*77, 81*). Diese Dimere können z.B. wie (XVIII) formuliert werden:

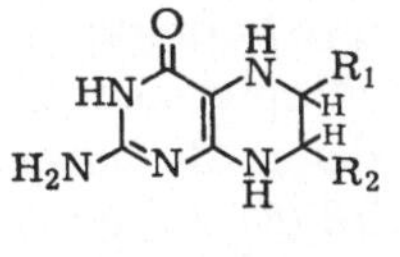

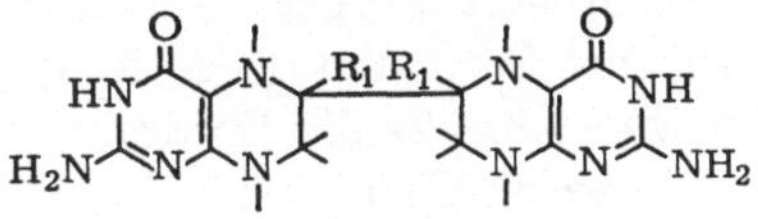

(XVIII)

(Xa) $R_1 = R_2 = H$

(Xc) $R_1 = -CH(OH)-CH(OH)-CH_3 \quad R_2 = H$

Da aus Dihydroxanthopterin-Derivaten ebenfalls Dimere mit ähnlichen UV-Spektren gebildet werden (*76, 77*), lag der Gedanke nahe, daß die Dimerisierung nicht nur zwischen C(6)-Atomen, sondern auch zwischen C(7)-Atomen (z.B. (XIX), Ähnlichkeit mit der Erythropterin-

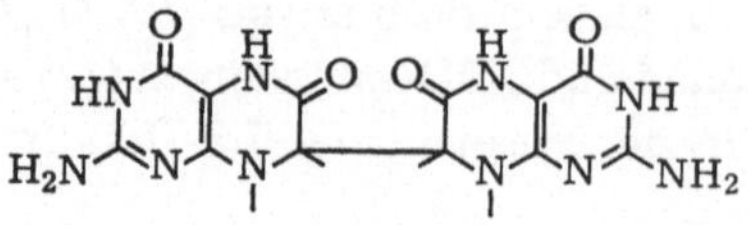

(XIX)

chromophor-Gruppe) stattfinden kann. Eine C(6)-C(7)-Dimerisierung ist in diesem Fall auch nicht auszuschließen.

Anläßlich der EUCHEM-Konferenz über Insektenchemie im September 1966 in Varenna (Italien) stellte *Viscontini* auf Grund dieser Befunde die Hypothese auf, daß die Drosopterine ebenfalls hydrierte Pterin-Dimere mit einem vom Tetrahydropterin (Xc) abgeleiteten Gerüst sind. In der Tat gibt die $KMnO_4$-Oxydation von Drosopterinen, obwohl schwierig auszuführen, u.a. stets Pterin-6-carbonsäure (XII).

Von ähnlichen Überlegungen ausgehend, aber unabhängig von *Viscontini*, schlug auf derselben Konferenz *W. Pfleiderer* (Stuttgart) vor, Drosopterine als Pterin-Dimere zu betrachten. Er gab jedoch für ihre Struktur einer C(7)-C(7)-Bindung den Vorrang, da er bei der $KMnO_4$-Oxydation der Dimeren (XVIII) keine Pterin-6-carbonsäure fand.

5) Nicht konjugierte Tetrahydropterine

Diese Produkte sind bis jetzt in Lebewesen oft nachgewiesen, aber noch nicht rein isoliert worden. Neben den bereits oben erwähnten Tetrahydrofolsäure-Derivaten (sog. konjugierten Tetrahydropterinen) verdanken wir *I. Ziegler* die Entdeckung von Tetrahydropterinen der Biopterin-Klasse im Tier- sowie im Pflanzenreich, deren Bedeutung im Teil V. dieser Publikation ausführlich behandelt wird (*84, 85, 86, 87, 88, 89, 91*). *I. Ziegler* beobachtete bei UV-Bestrahlung von Rana-Haut-Extrakten bzw. *Drosophila melanogaster sepiamutant* Köpfen, die unter schonenden Bedingungen mittels Papierchromatographie getrennt wurden, daß nach kurzer Zeit nicht-fluoreszierende Stoffe in stark-fluoreszierende umgewandelt werden. Als fluoreszierende Substanzen wurden von diesen Flecken zuerst das Biopterin (VII) und dann die Pterin-6-carbonsäure (XII) nachgewiesen. Da diese nicht-fluoreszierenden „photolabilen Pterine" ein Maximum des UV-Spektrums bei 260 nm (pH 1) besitzen, nimmt die Autorin mit Recht an, daß diese Produkte Tetrahydropterine der Biopterin-Klasse sind.

Was die Struktur dieser schwer isolierbaren Tetrahydropterine betrifft, muß noch abgewartet werden, bis die Fortschritte der Pterinchemie einen Vergleich mit synthetischen Produkten erlauben werden.

III. Chemie der synthetischen Tetrahydropterine

A. Hydrierte Derivate des Pterins

Da Tetrahydropterine äußerst unbeständig sind, ist ein direktes Studium der in der Natur vorkommenden Produkte kaum möglich. Daher wurde schon früh versucht, Modellsubstanzen für Vergleichszwecke zu synthetisieren.

Bereits 1947 erkannten *O'Dell* et al. (*42*) eine Ähnlichkeit im chemischen Verhalten des Riboflavin-Dihydroriboflavin-Redoxsystems einerseits und des Pterin-Tetrahydropterin-Systems andererseits. Infolgedessen führten sie als erste die katalytische Hydrierung von Folsäure, Xanthopterin und Pterin-6-carbonsäure aus. Wenn man die in ihrer Publikation wiedergegebenen UV-Spektren der entspr. Tetrahydropterine betrachtet, so besteht kein Zweifel, daß sie, außer dem Dihydroxanthopterin, nur unreine Produkte erhielten. Sie stellten fest, daß alle hydrierten Pterine sehr sauerstoffempfindlich sind und daß nach der Oxydation das Ausgangsmaterial stets zurückgebildet wird. Spätere Versuche, die sich mit der Herstellung von synthetischem Leucovorin befaßten, zeigten, daß der Pyrazinring der Pterine durch Addition von 2 Mol H_2 reduziert wird; wahrscheinlich ist unter den von *O'Dell* eingehaltenen Bedingungen der Pyrimidinring zu aromatisch, um hydriert werden zu können.

Viscontini et al. erkannten ebenfalls die Bedeutung der nicht konjugierten, hydrierten Pterin außerhalb des Leucovorin-Gebiets und versuchten, ab 1955, das Tetrahydropterin (Xa) zu synthetisieren (*80, 81*). Die Hydrierung wurde in N NaOH mit Pt als Katalysator ausgeführt und das Tetrahydropterin (Xa) zum erstenmal als Sulfitsalz kristallin erhalten. In Lösung fluoresziert das Produkt nicht mehr, wird aber rasch oxydiert, insbesondere oberhalb von pH 7 bei gleichzeitiger Rückbildung des Pterins (II) und dessen blauer Fluoreszenz. Außer dem Pterin entstehen mehrere andere Produkte, deren Isolierung, Konstitutionsaufklärung und Bildungsmechanismus einige Jahre intensiver Arbeit in verschiedenen Laboratorien erforderten. Der Reaktionsmechanismus der Oxydation wird in Teil V dieser Arbeit ausführlich beschrieben. Hier sei nur erwähnt, daß während der Oxydation einer wässerigen Lösung von Tetrahydropterin (Xa) an der Luft das 7,8-Dihydropterin (XX) als Zwischenprodukt gebildet wird. Wenn in der Lösung bestimmte Anionen (R^-) vorhanden sind, dann greifen sie an der C(6)-Stellung des Dihydropterins (XX) an, neue Tetrahydropterine (XXVII) entstehen und werden zunächst zu 7,8-Dihydropterinen (XXVIII) und dann zu Pterinen (XXIX) weiter oxydiert. Die Tetrahydropterine (XXVII) selbst lassen sich nicht isolieren, wohl aber ein 7,8-Dihydropterin der

Formel (XXVI), wenn R = CN ist, und ein Pterin (XXII) oder (XXIV), wenn R = NH_2 oder HSO_3 ist (*12, 56, 59, 72, 76, 81*).

Die beim Aufarbeiten aus Organismenextrakten isolierten 6-Aminopterin (XXII) und Pterin-6-sulfonsäure (XXIV) können dementsprechend Artefakte sein, die vielleicht in Gegenwart von Ammoniak bzw. Sulfitsalzen aus natürlichen hydrierten Derivaten entstanden sind (*18, 59*).

Auf jeden Fall ist die Herstellung von synthetischen Tetrahydropterinen ein so schwieriges Problem, daß ein genaueres Studium dieser Substanzen nicht möglich gewesen wäre, wenn in Zürich das oben erwähnte Verfahren zur Pterinhydrierung nicht verbessert worden wäre. Es war ja bekannt, daß die Hydrierung des Pterins in saurem Milieu wie in Essigsäure oder noch besser in 0,2-N HCl leichter verläuft als in N NaOH (*82*), aber

(Xa) $\xrightarrow{O_2,\ H_2O}$ (XX) $\xrightarrow{O_2,\ H_2O}$ (II)

(XX) $\xrightarrow{NH_2^-}$ (XXI) $\xrightarrow{O_2,\ H_2O}$ (XXII) + (III)

(XX) $\xrightarrow{HSO_3^-}$ (XXIII) $\xrightarrow{O_2,\ H_2O}$ (XXIV)

(XX) $\xrightarrow{CN^-}$ (XXV) $\xrightarrow{O_2,\ H_2O}$ (XXVI)

(XX) $\xrightarrow{R^-}$ (XXVII) $\xrightarrow{O_2,\ H_2O}$ (XXVIII) $\xrightarrow{O_2,\ H_2O}$ (XXIX)

A. Bobst und *M. Viscontini* erhielten weitaus bessere Ergebnisse bei der Hydrierung in halogenierten Carbonsäuren, insbes. in CF_3COOH mit PtO_2 bzw. Rhodium als Katalysatoren (*4*). Von Bedeutung war, daraufhin eine Methode zur Stabilisierung der hydrierten Pterine zu finden. Als Sulfitsalz ist das Tetrahydropterin (Xa) kristallin zu erhalten. Dieses Salz ist jedoch nicht sehr beständig und verfärbt sich langsam an der Luft. Es lag nahe, daß diese relative Stabilisierung dank der Protonanlagerung an freien Elektronenpaaren der Stickstoffatome erreicht wird. Daher versuchten die Autoren, stärkere Säuren für die Salzbildung heranzuziehen. Sie bereiteten zunächst verhältnismäßig stabile Dihydrochloride, fanden jedoch bald, daß die Sulfate, deren Herstellung sehr einfach ist, noch beständiger sind. Heute werden in Zürich für Forschungszwecke ausschließlich Tetrahydropterin-sulfate hergestellt.

Die Tetrahydropterine besitzen 3 pK_a-Werte; somit ergeben sich für das Tetrahydropterin (Xa) drei Protolysenstufen mit den pK_a-Werten

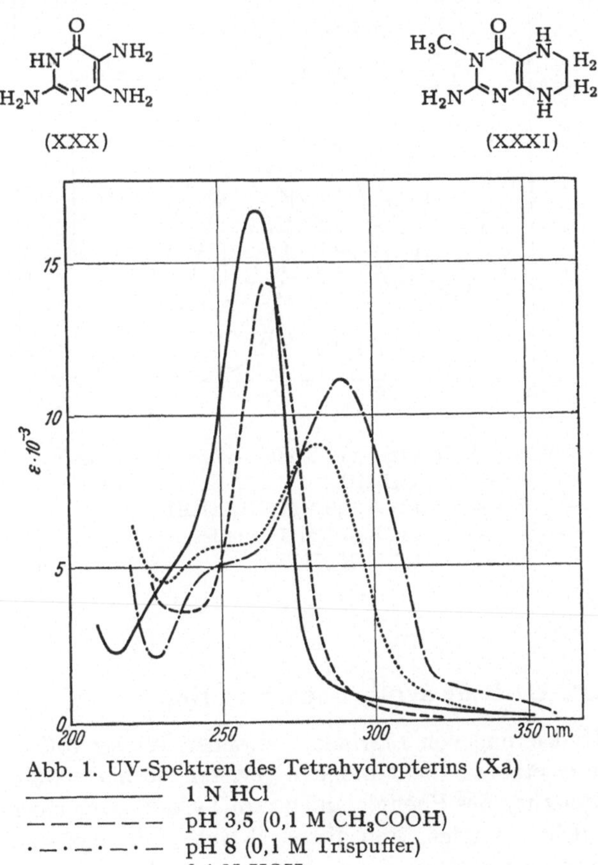

Abb. 1. UV-Spektren des Tetrahydropterins (Xa)

———————— 1 N HCl

— — — — — — pH 3,5 (0,1 M CH_3COOH)

·—·—·—·— pH 8 (0,1 M Trispuffer)

··········· 0,1 N KOH

1,3; 5,6; 10,6 (*4*). Der pK_a 10,6 kann dem N(3)-H-Atom zugeschrieben werden, da beim N(3)-Methyltetrahydropterin (XXXI) diese Protolysenstufe fehlt. Der pK_a 1,3 entspricht dem tiefen pK_a-Wert des N(1)—N(2')-Admidin-Restes bei normalen Pterinen. Der pK_a 5,6 ist auf die durch Hydrierung gebildete N(5)-sekundäre Aminogruppe zurückzuführen. Ähnliche pK_a-Werte wurden für das Pyrimidin (XXX) gemessen: 2,0; 5,1; 10,1. UV-Spektren der Tetrahydropterine (Abb. 1) und des 2,5,6-Triamino-4-hydroxypyrimidins (XXX) (Abb. 2) sind ebenfalls sehr ähnlich.

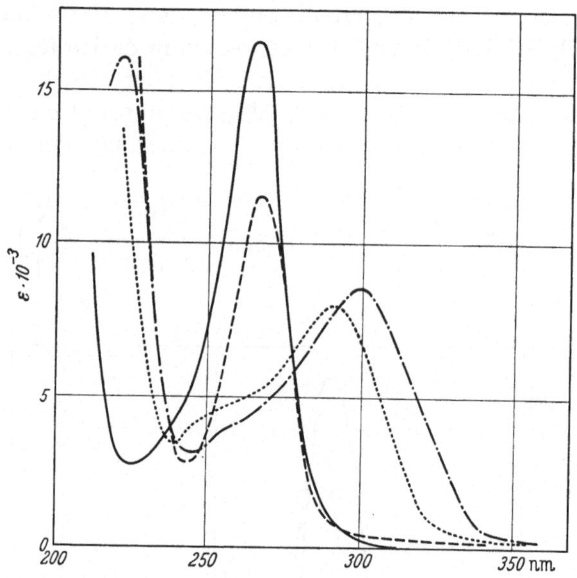

Abb. 2. UV-Spektren des 2,5,6-Triamino-4-hydroxypyrimidin (XXX)
———— 1 N HCl
– – – – – – pH 3,5 (0,1 M CH_3COOH)
·—·—·—·— pH 8 (0,1 M Trispuffer)
··········· 0,1 N KOH

B. Hydrierte Derivate synthetischer Pterine

Wäre die Hydrierung von Pterinen, bei denen Wasserstoff an N durch Methylreste ersetzt ist, nicht möglich gewesen, so hätte wahrscheinlich die Hydroxylierung des Phenylalanins zum Tyrosin seine mechanistische Erklärung nicht gefunden. Von diesen N-Methylpterinen sind die N(5)-Methyl-substituierten sicher die wichtigsten.

Auf Grund früherer Arbeiten über die Darstellung einer Anzahl von Dihydropteridin-Isomeren (*46, 51*) dehnten *Viscontini* et al. die entspr. Synthese auf Dihydropterin-Derivate aus. Diese Arbeit fand ihren Abschluß in der Herstellung des N(5)-Methyl-6,7-diphenyl-5,6-dihydropterins (XXXII). Sie gelang durch Kondensation von 2,6-Diamino-5-methylamino-4-hydroxypyrimidin mit Desylchlorid (*66*). Das

(XXXII) $\xrightarrow{NaBH_4}$ (XXXIII)

rote kristalline 5,6-Dihydropterin (XXXII) ist im Gegensatz zu allen bisher synthetisierten hydrierten Pterinen — mit Ausnahme der N(5)-acylierten Tetrahydropterine (XI) — recht beständig und wird vom Luftsauerstoff in neutralen Lösungen kaum angegriffen. Leider ist eine katalytische Hydrierung des Produktes zu Tetrahydropterin (XXXIII) nicht möglich. Ein Mol H_2 wird zwar während der Hydrierung verbraucht, aber es läßt sich kein einheitliches und kristallines Produkt nach der Reaktion isolieren.

Die Reduktion gelingt jedoch mit $NaBH_4$ ohne nennenswerte Schwierigkeiten. Das erhaltene N(5)-Methyl-tetrahydropterin (XXXIII) ist ein weißes Produkt, das ebenso beständig und sauerstoff-unempfindlich ist wie das Ausgangsmaterial (*68, 75*). Ähnlich läßt sich aus dem 6,7-Diphenyl-5,6-dihydropterin (XXXIV) (*66*) ein 6,7-Diphenyl-5,6,7,8-tetrahydropterin (XXXV) synthetisieren, das ebenso unbeständig wie die Tetrahydropterine (X) ist.

(XXXIV) $\xrightarrow{NaBH_4}$ (XXXV)

IV. Die Phenylalanin-Hydroxylase

Es ist bekannt, daß im Tierreich Phenylalanin eine unerläßliche α-Aminosäure ist, was von Tyrosin nicht unbedingt gesagt werden kann, wenn Phenylalanin in genügender Menge im Nahrungsmittel vorhanden ist. Daher liegt der Gedanke nahe, daß in Lebewesen das Phenylalanin leicht in Tyrosin hydroxyliert werden kann. Diese Hypothese wurde von *A. Moss* und *R. Schönheimer* (*38*) zum erstenmal korrekt formuliert. Sie zeigten, daß zugeführtes deuteriertes Phenylalanin im Körper von Ratten als deuteriertes Phenylalanin und deuteriertes Tyrosin wiedergefunden wird. Die Existenz eines für diese Hydroxylierung verantwortlichen enzymatischen Systems haben *S. Udenfriend* und *J. Cooper* (*58*) zwölf Jahre später (1952) nachgewiesen. *S. Kaufman* konnte auf Grund einer Reihe ausgezeichneter Arbeiten Licht in dieses komplizierte Problem bringen. Er isolierte zunächst aus Ratten- bzw. Schafsleber ein Enzymsystem, das die Phenylalanin-Hydroxylierung zum Tyrosin katalysiert, trennte dieses System in zwei Fraktionen und zeigte außerdem, daß NADPH und molekularer Sauerstoff für die enzymatische Reaktion nötig sind, die er folgendermaßen formulierte (*28*):

$$\text{NADPH} + \text{H}^+ + \text{O}_2 + \text{Phe} \rightarrow \text{NADP}^+ + \text{H}_2\text{O} + \text{Tyr} \tag{1}$$

Bei weiterer Reinigung der Enzymfraktionen fand *S. Kaufmann*, daß neben NADPH ein zweiter Cofaktor anwesend und unentbehrlich ist (*29*). Er konnte die Struktur des neuen Cofaktors nicht ermitteln, fand aber wenig später (*30*), daß die Tetrahydrofolsäure (Xb) diesen Cofaktor bei der enzymatischen Hydroxylierung ersetzen kann und daß unkonjugierte Tetrahydropterine wie (Xd) und (Xe) noch viel besser als Tetrahydrofolsäure wirken (*31*, *35*); die nicht hydrierten Pterine sind hingegen völlig unwirksam. Schließlich stand fest, daß die Phenylalanin-Hydroxylierung einen viel komplizierteren Weg verfolgt, als in der Gleichung (1) angegeben wurde.

Zwei Enzyme sind für den vollständigen Ablauf der Reaktion nötig. Das eine aus Rattenleber isolierte Enzym katalysiert den ersten Reaktionsschritt:

$$\text{Tetrahydropterin (THP) (X)} + \text{Phe} + \text{O}_2 \xrightarrow[\text{enzym}]{\text{Rattenleber-}} \text{„oxydiertes Pterin"} + \text{Tyr} + \text{H}_2\text{O} \tag{2}$$

Während dieser Reaktion wird das THP (X) zu einem Pterin unbekannter Natur oxydiert und Phe zum Tyr hydroxyliert. Diesem Schritt folgt sogleich der zweite:

$$\text{„Oxydiertes Pterin"} + \text{NADPH} + \text{H}^+ \xrightarrow[\text{enzym}]{\text{Schafleber-}} \text{THP (X)} + \text{NADP}^+ \tag{3}$$

wobei das oxydierte Pterin wieder zu THP (X) reduziert und damit die katalytische Wirkung von THP (X) erklärt wird. Falls dieses zweite

Enzym im enzymatischen System nicht anwesend ist, wird das „oxydierte Pterin" zu einem 7,8-Dihydropterin (XXXVI) weiter umgewandelt:

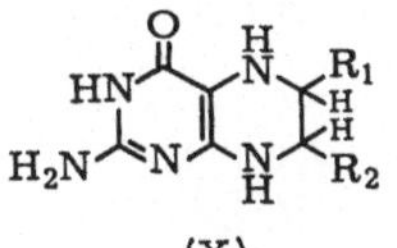

(X) $\xrightarrow{\text{Enzym}}$ „Oxydiertes Pterin" →

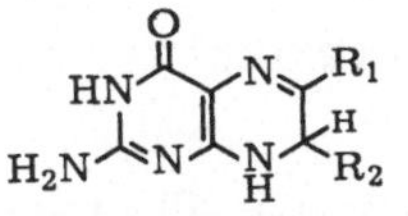

(XXXVI)

Die Reste R_1 und R_2 haben dieselbe Bedeutung wie bei Formel (X).

Das Dihydropterin (XXXVI) zeigt im Phenylhydroxylase-Test keine Cofaktor-Wirkung. *S. Kaufman* (*32*) konnte zeigen, daß das „oxydierte Pterin" ebenfalls das erste Produkt ist, das bei der Behandlung eines THP (X) mit einem Oxydationsmittel wie 2,6-Dichlorophenol-indophenol gebildet wird. Er nahm an, daß die wahrscheinlichste Struktur dieses Pterins der eines 5,6-Dihydropterins (wie (XXXIV)) entspricht. Bei einem Hydroxylierungstest mit Sepiapterin als Cofaktor fand er dann eine Wirkung, die weitaus besser war als die von ihm bis dahin erhaltene (*33*).

Soweit war das Studium der Phenylalanin-Hydroxylierung gediehen, als im September 1962 die Chemiker zum 3. Internationalen Symposium für Pterinchemie in Stuttgart zusammentrafen (*23*). Dort standen drei Probleme im Mittelpunkt der Diskussion:

1. Die Elektronenverteilung in den Dihydropterin-Molekülen und die davon abgeleiteten Strukturmöglichkeiten der Dihydropterine,
2. Der Oxydationsmechanismus der hydrierten Pterine,
3. Der Mechanismus der enzymatischen Phenylalanin-Hydroxylierung.

Die Strukturen von Erythropterin, Sepiapterin und Drosopterinen waren Gegenstand von Diskussionen über das erste Problem. *W. Pfleiderer* (*48*) hatte kurz zuvor das Erythropterin als eine Xanthopteryl-brenztraubensäure (XXXVII) erkannt, und diese Struktur konnte durch Synthesen bestätigt werden (*54, 79*). *W. v. Philipsborn* et al. (*24, 49*) referierten über die Anwesenheit einer

N–C(–C)=CH–CO–COOH-Gruppierung

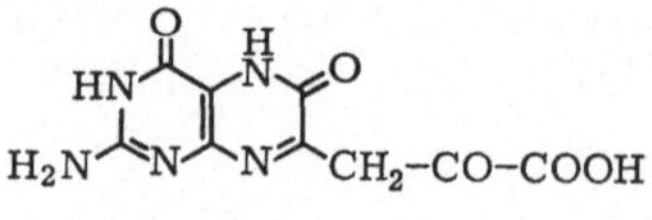

(XXXVII)

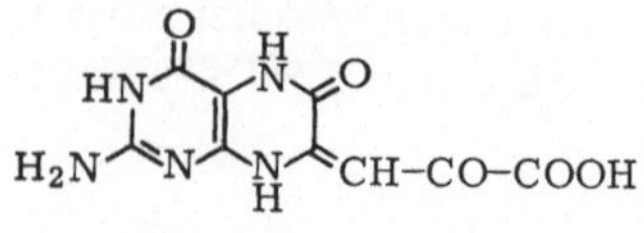

(XXXVIII)

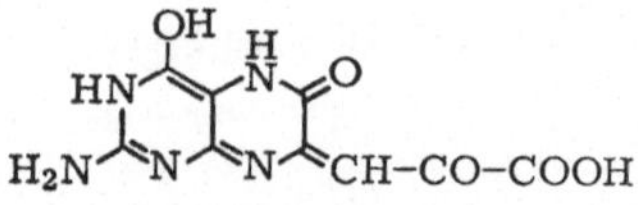

(XXXIX)

im Erythropterin-Molekül, so daß für dessen Formel zwischen Chinoid-Strukturen wie (XXXVIII) und (XXXIX) entschieden werden mußte. Die Existenz solcher Chinoid-Strukturen für Pterine, früher schon theoretisch diskutiert, wurde somit nachgewiesen.

Viscontini machte geltend, daß ähnliche Chinoid-Strukturen (XL) für andere Pterine, insbesondere für hydrierte Pterine wie Sepiapterin, Drosopterin etc., herangezogen werden konnten (*25*).

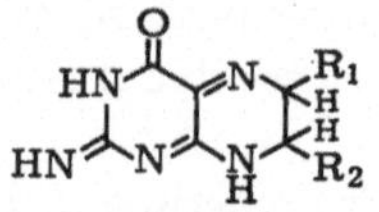

(XL)

a $R_1 = R_2 = H$

b R_1 = Folsäurerest $R_2 = H$

c $R_1 = -CH(OH) \cdots CH(OH) \cdots CH_3$ $R_2 = H$

d $R_1 = CH_3$ $R_2 = H$

e $R_1 = CH_3$ $R_2 = CH_3$

S. Kaufman berichtete über die Phenylalanin-Hydroxylierung und äußerte sich ausführlich über die Struktur des „oxydierten Pterins" der Gleichungen (2) und (3), welches während der enzymatischen und chemischen Oxydation gebildet wird (*26*). *P. Hemmerich* (*27*) erwähnte daraufhin, dieses Zwischenprodukt könne eine dem Dihydropterin XL ähnliche Chinoid-Struktur besitzen.

Angeregt durch dieses Symposium beschäftigen sich Forschergruppen mehrerer Länder mit diesen Problemen. *S. Kaufman* (*34*) publizierte 1964 die Ergebnisse einiger mit Tritium ausgeführten Experimente:

a) Das aus „oxydiertem Pterin" durch $NADPT^+$-Reduktion erhaltene Tetrahydropterin Xe ist nicht radioaktiv. Daraus ist zu schließen, daß im „oxydierten Pterin" die C(6)—H- und C(7)—H-Atome immer noch anwesend sind.

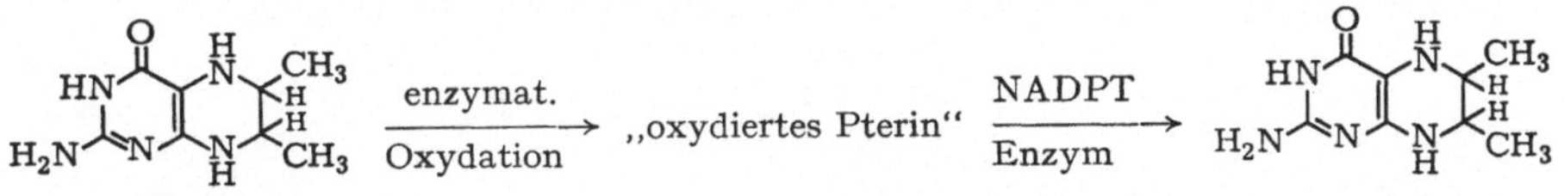

(Xe) $\xrightarrow[\text{Oxydation}]{\text{enzymat.}}$ „oxydiertes Pterin" $\xrightarrow[\text{Enzym}]{\text{NADPT}}$ (Xe)

b) Das am C(7) mit T markierte Tetrahydropterin (XLI) wird enzymatisch oxydiert, dann chemisch umgelagert. Das erhaltene 7,8-Dihydropterin (XLII) ist noch radioaktiv:

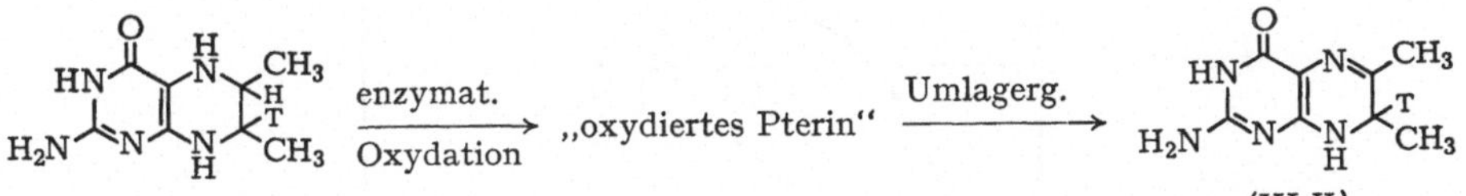

(XLI) $\xrightarrow[\text{Oxydation}]{\text{enzymat.}}$ „oxydiertes Pterin" $\xrightarrow{\text{Umlagerg.}}$ (XLII)

Gemäß dieser Ergebnisse kann das „oxydierte Pterin" weder ein 5,6-Dihydro- noch ein 7,8-Dihydropterin sein. Für das „oxydierte" Produkt kommen danach nur die zwei möglichen o- oder p-Chinoid-Strukturen (XLIII) und (XLe) in Frage:

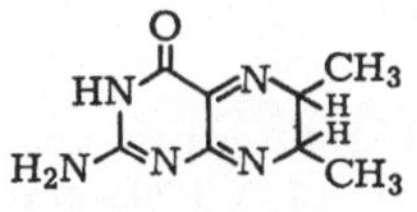

(XLIII) 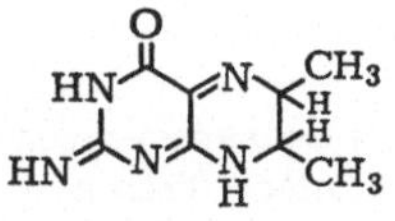 (XLe)

V. Oxydation der Tetrahydropterine an der Luft

Viscontini et al. bearbeiteten zu jener Zeit die Aufklärung des Mechanismus der Tetrahydropterin-Oxydation an der Luft. Die Lösung wurde dadurch erleichtert, daß neue Verfahren zur Darstellung und Stabilisierung von synthetischen Tetrahydropterinen zur Verfügung standen (*4*). Für ihre Forschungen wählten sie eine kinetische Methode: Lösungen vom Tetrahydropterin (Xa) wurden beim physiologischen pH (6,8) in Quarzküvetten ohne Sauerstoffausschluß gebracht und die Oxydation durch regelmäßige UV-Spektren-Aufnahmen verfolgt (*63*). Dabei wurde festgestellt, daß unter diesen Bedingungen das Tetrahydropterin (Xa) zu Pterin (II) oxydiert wird und daß das 7,8-Dihydropterin ein Zwischenprodukt der Oxydation ist, welches wegen seines sehr charakteristischen UV-Spektrums leicht wahrgenommen werden kann. Wird der Sauerstoffverbrauch gemessen, stellt man fest, daß entsprechend der Gleichung

$$\text{(Xa)} + \tfrac{1}{2}\,O_2 \rightarrow H_2O + \text{(XXXVIa)} \qquad (4)$$

ein halbes Mol Sauerstoff verbraucht wird und daß die Reaktion

$$(\text{XXXVIa}) + \tfrac{1}{2}\,O_2 \rightarrow H_2O + (\text{II}) \qquad (5)$$

ebenfalls den Verbrauch von einem halben Mol Sauerstoff verlangt. Beide Reaktionen werden durch Fe(II)-Ionen katalysiert (Abb. 3).

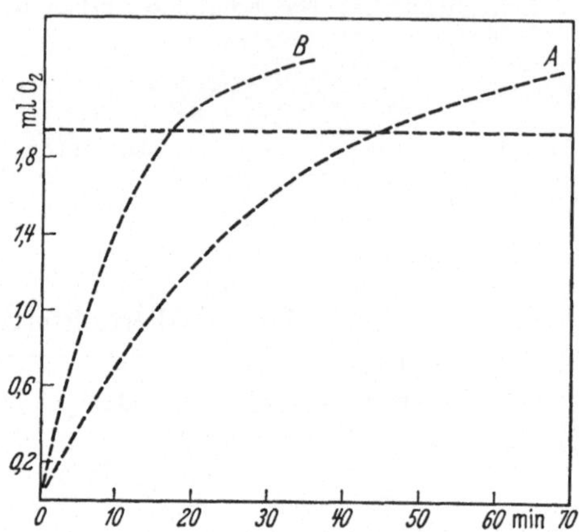

Abb. 3. Absorptionskurven von Sauerstoff während der Oxydation an der Luft von 42,5 mg (0,16 mMol) Tetrahydropterin(Xa)-sulfat, in 2,5 ml Phosphatpufferlösung (0,1 M, pH 6,8) gelöst. Die waagrechte Linie entspricht der Absorption von 1,93 ml (0,16 mAtom, 26,6° C, 726 Torr) Sauerstoff, wobei das Dihydropterin (XXXVIa) gebildet wird.
Kurve A ohne Zugabe von Fe(II).
Kurve B mit Zugabe von 0,035 mAtom Fe(II).

Der langsame Verlauf der Reaktion (5) erlaubt das kinetische Studium der schnelleren Reaktion (4). Das eindeutige Erscheinen isobestischer Punkte während der ganzen UV-Spektrenaufnahmen läßt jedoch die Frage offen, ob Zwischenprodukte während des Reaktionsablaufs (4) gebildet werden oder nicht. Die Existenz solcher Zwischenprodukte kann aber erwartet werden, da formal betrachtet nur die Mechanismen (6) bis (9) zur Abspaltung eines Mol H_2 aus (Xa) führen können.

Die ersten drei Reaktionen sehen die Bildung der Zwischenprodukte (XLIV), (XLa) und (XLV) vor; aus der Reaktion (9) entsteht sofort das Endprodukt. Bei allen vier Mechanismen muß jedoch das N(5)-H-Atom aus dem Molekül entfernt werden. Will man feststellen, welcher von diesen Mechanismen der richtige ist, so sind die N(2′)-, N(3)-, N(8)- und C(6)-H-Atome des Tetrahydropterins Xa durch Reste, am besten durch CH_3-Reste, zu ersetzen und die Oxydation der neu hergestellten Produkte zu beobachten.

(Xa) $\xrightarrow{-H_2}$ (XLIV) $\xrightarrow{\text{Umlag.}}$ (XXXVIa) (6)

(Xa) $\xrightarrow{-H_2}$ (XLa) $\xrightarrow{\text{Umlag.}}$ (XXXVIa) (7)

(Xa) $\xrightarrow{-H_2}$ (XLV) $\xrightarrow{\text{Umlag.}}$ (XXXVIa) (8)

(Xa) $\xrightarrow{-H_2}$ (XXXVIa) (9)

Als Folge dieser Überlegungen wurden die Produkte (XXXI), (XLVI),

(XXXI) (XLVI) (XLVII)

(XLVII) synthetisiert (*63, 64*) und die Kinetik ihrer Oxydation zu 7,8-Dihydropterinen verfolgt. Die kinetische Umwandlung des N(3)-Methyl-tetrahydropterins (XXXI) und des N(8)-Methyl-tetrahydropterins (XLVII) verlaufen in der gleichen Weise wie jene des Tetrahydropterins (Xa); die Reaktion ist erster Ordnung (Abb. 4). Daher scheiden die Mechanismen (6) und (8) aus. Die Kinetik der Oxydationsreaktion XLVI zeigt hingegen ein ganz anderes Bild. Die isobestischen Punkte der UV-Spektren erscheinen nicht am Anfang der Reaktion. Es ent-

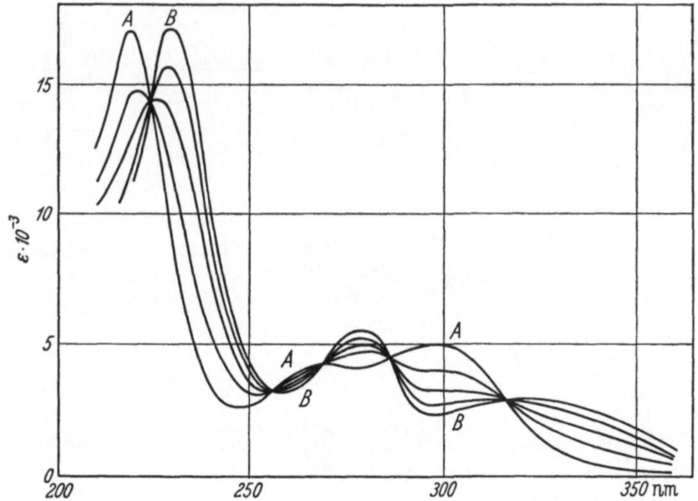

Abb. 4. Oxydationsverlauf des N(3)-Methyl-tetrahydropterins (XXXI) (Kurve A) mit UV-Spektren gemessen.
1. Kurve 4 min nach der Lösung in der Phosphatpufferlösung (0,1 M, pH 6,8).
2. Kurve 12 min nach der Lösung.
3. Kurve 20 min nach der Lösung.
4. Kurve 28 min nach der Lösung.
5. Kurve (B) N(3)-Methyl-7,8-dihydropterin (44 min nach der Lösung).

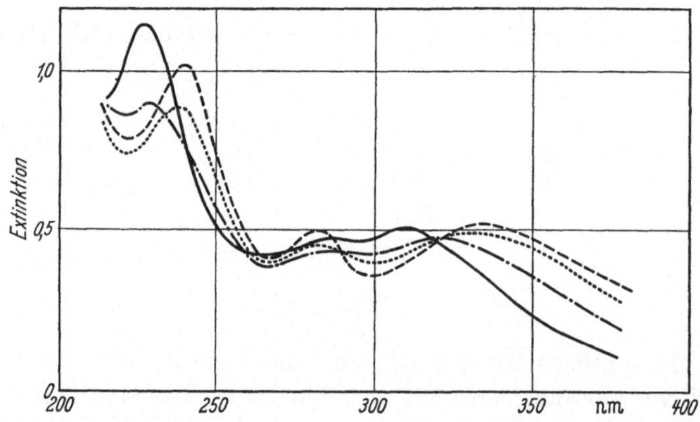

Abb. 5. Oxydationsverlauf des N(2)-Dimethyl-tetrahydropterins (XLVI) zur para-chinoiden Stufe (XLVIII) in einer Phosphatpufferlösung (0,1 M, pH 6,8).

———————— 5 min nach der Lösung.
· — · — · — · — 8 min nach der Lösung.
············ 11 min nach der Lösung.
— — — — — — 14 min nach der Lösung.

stehen zuerst Kurven, die auf die Bildung eines Zwischenproduktes schließen lassen (Abb. 5). Erst wenn das Ausgangspterin (XLVI) völlig umgesetzt worden ist, wandelt sich dieses Zwischenprodukt durch intramolekulare Umlagerung (Reaktionsordnung Null) in N(2')-Dimethyl-7,8-dihydropterin um (Abb. 6).

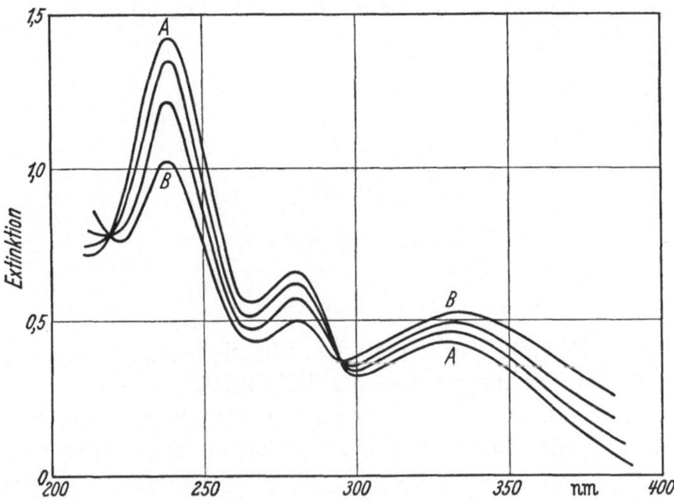

Abb. 6. Prototrope Umlagerung der para-chinoiden Form (XLVIII) des N(2')-Dimethyl-dihydropterins (Kurve B) in das N(2')-Dimethyl-7,8-dihydropterin (Kurve A). Experimentelle Bedingungen wie bei Abb. 5.
1. Kurve (B) 14 min nach der Lösung.
2. Kurve 20 min nach der Lösung.
3. Kurve 26 min nach der Lösung.
4. Kurve (A) 35 min nach der Lösung.

Diese Beobachtung deckt sich mit den erwähnten Befunden von *S. Kaufman*, der ein Zwischenprodukt bei der Oxydation von 6,7-Dimethyl-tetrahydropterin (Xe) mit Dichlorophenolindophenol in Trispuffer bei pH 6,8 erhielt (*26*). Da sich die Oxydation von XLVI nicht nach der Reaktion (9), die kein Zwischenprodukt vorsieht, vollzieht, kann sie nur nach der Reaktion (8) verlaufen. Der allgemeine Mechanismus der Tetrahydropterin-Oxydation an der Luft ist also X → XL → XXXVI.

$$\text{(X)} \xrightarrow{-H_2O} \text{(XL)} \longrightarrow \text{(XXXVI)} \qquad (10)$$

Die Geschwindigkeitskonstante der Reaktion (X) → (XL) ist k_1; k_2 ist jene der Umlagerungsreaktion (XL) → (XXXVI). k_2 ist normalerweise viel größer als k_1, so daß die Bildung des Zwischenproduktes (XL) nicht beobachtet werden kann. Falls das Zwischenprodukt (XL) relativ stabil ist — sei es auf Grund seiner Konstitution, sei es auf Grund von induktiven oder mesomeren Effekten ($k_1 > k_2$) — dann läßt sich sein UV-Spektrum messen, wie im Falle des N(2')-Dimethyl-dihydropterin-Kations (XLVIII).

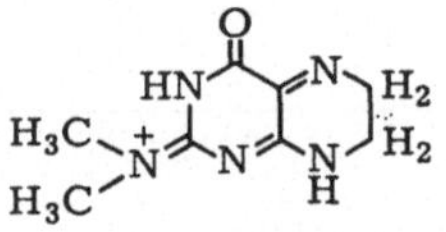

O HN N H2 H3C + N N N H2 H3C H

(XLVIII)

Zahlreiche Beispiele der organischen Chemie belehren uns, daß solche Kationen in der Tat eine gewisse Beständigkeit aufweisen (*3*).

Selbstverständlich ist das Schema (10) rein formal und kann dem eigentlichen Oxydationsmechanismus auf keinen Fall vorgreifen.

VI. Hydroxylierung des Phenylalanins zu Tyrosin

Man kam einen Schritt weiter, als *Bobst* und *Viscontini* in Anlehnung an die *Kaufman*sche Arbeit über enzymatische Phenylalanin-Hydroxylierung die chemische Oxydation der Tetrahydropterine in Gegenwart von Phenylalanin unternahmen (*5*). Läßt man das Tetrahydropterin (Xa) (bzw. die Tetrahydrofolsäure (Xb) oder das 6,7-Dimenthyl-tetrahydropterin (Xe), etc.) in Gegenwart von Äthylendiamin-tetraessigsäure (EDTA), Fe^{3+}- bzw. Fe^{2+}-Ionen, Phenylalanin in einer Phosphat-Pufferlösung (pH 6,8) an der Luft oxydieren, so wird Tyrossin gebildet (5 bis 10% Ausbeute). Diese Bedingungen entsprechen jenen, die von *Udenfriend* et al. (*40, 57*) sowie anderen Autoren (*9, 19*) für chemische Hydroxylierungssysteme (Ascorbinsäure, 2,5,6-Triamino-6-hydroxy-pyrimidin (XXX), etc.) verwendet werden. Die Experimente zeigen eindeutig, daß Eisen-Ionen unentbehrliche Komponenten des Oxydationssystems sind. Fehlen Fe^{2+}- oder Fe^{3+}-Ionen, so werden nur Spuren von Tyrosin gebildet. Die Zugabe von starken Komplexbildnern, wie CN-Ionen, in der Reaktionsmischung verhindert die Bildung von Tyrosin vollständig.

Tabelle 1 zeigt die Ergebnisse der ersten Experimente.

Tabelle 1

Phe	Ascorbin-Säure	THP (Xa)	Fe(II)	Fe(III)	EDTA	CN^-	gebild. Tyrosin
+	+	—	+		+		+
+	+	—		+	+		+
+	+	—			+		±
+	—	+	+		+		+
+	—	+		+	+		+
+	—	+	+		—		±
+	—	+			+		—
+	—	+	+		+	+	—
+	—	+			+		—
+	—	—	+		—		—

Das Zeichen ± bedeutet zweifelhafte Resultate.

Udenfriend u.a., die die chemische Phenylalanin-Hydroxylierung studiert hatten (*20, 21, 57*), postulierten einen Mechanismus, den nachher *Viscontini* ebenfalls für sein System übernahm. Nach diesem Mechanismus soll aus dem komplexifierten Fe(II) und Sauerstoff ein reversibles Additionsprodukt entstehen:

$$[\text{EDTA}]\,\text{Fe}^{\text{II}} + \text{O}_2 \leftrightharpoons [\text{EDTA}]\,\text{Fe}^{\text{II}}[\text{O}_2] \qquad (11)$$

Nun kann ein Tetrahydropterin (X) (THP) auf zweifache Weise mit diesem Additionsprodukt reagieren. Entweder bildet es einen intermediären quartären Komplex,

$$[\text{EDTA}]\,\text{Fe}^{\text{II}}[\text{O}_2] + \text{THP} + \text{Phe} \leftrightharpoons [\text{EDTA}]\,\text{Fe}^{\text{II}}[\text{O}_2]\,[\text{THP}]\,[\text{Phe}] \qquad (12)$$

der nachher in H_2O, Tyr und p-Chinoid-dihydropterin XL zerfällt, oder es folgt einer zweistufigen Reaktion:

$$[\text{EDTA}]\,\text{Fe}^{\text{II}}[\text{O}_2] + \text{THP} \rightarrow [\text{EDTA}]\,\text{Fe}^{\text{IV}} = \text{O} + \text{DHP (XL)} + \text{H}_2\text{O} \qquad (13)$$

$$[\text{EDTA}]\,\text{Fe}^{\text{IV}} = \text{O} + \text{Phe} \rightarrow [\text{EDTA}]\,\text{Fe}^{\text{II}} + \text{Tyr} \qquad (14)$$

Wahrscheinlich vollzieht sich die Reaktion nach der Reihenfolge (11), (12), (13). Diesem Mechanismus liegt die Theorie der „gemischten" Oxydationen zugrunde, d.h. Oxydationen, in denen 1 Mol O_2 einerseits für die Bildung eines H_2O-Moleküls (das H_2-Molekül kommt vom Wasserstoffdonator, hier dem THP (X)) und andererseits für die Bildung eines hydroxylierten Aromatmoleküls (hier Tyr) verwendet wird. *S. Kaufman* hatte schon angenommen, daß die enzymatische Hydroxylierung auch eine „gemischte" ist [Gleichung (2)].

Für die enzymatische Hydroxylierung wurde dann von *A. Bobst* und *M. Viscontini* ein Schema vorgeschlagen (*5*), in dem die Existenz eines quartären Komplexes angenommen wurde (Schema 1).

NADP⁺ · (X) + Fe [Protein] · 2 H_2O

$-H^+$ · O_2 + ArH

ArH · O=O · Fe^{II} [Protein] · [Protein] Fe(OH)₂ · +2 H^+

$-H_2$ · $+H_2$

$-H^+$ · $-2e$

NADPH · (XL) + [Protein] $\overset{IV}{Fe}$=O + ArOH · H_2O

Schema 1

Von Bedeutung war die Annahme, daß Fe(II) das N(5)-Proton des THP (X) ersetzt und nachher zwei Elektronen von THP (X) zur Bildung einer kovalenten Bindung mit Sauerstoffatom abstrahiert.

VII. Über Trihydropterin-Radikal-Kationen

Soweit war der Stand der Phenylalanin-Hydroxylierung, als die Synthese des N(5)-Methyl-6,7-diphenyl-5,6,7,8-tetrahydropterins (XXXIII) gelang (*68, 75*). Mit dieser Synthese trat eine Wendung im Begriff der Tetrahydropterin-Oxydation ein.

Wenn man angemessene Mengen vom Produkt (XXXIII) und $FeCl_3$ (2 Mol : 1 Mol) in CH_3OH/H_2O (1 : 1) löst, so bildet sich ein rotgefärbter und unbeständiger Komplex, der sich rasch in einen beständigeren, gelbgefärbten umwandelt (Abb. 7). EDTA ist für die Reaktion

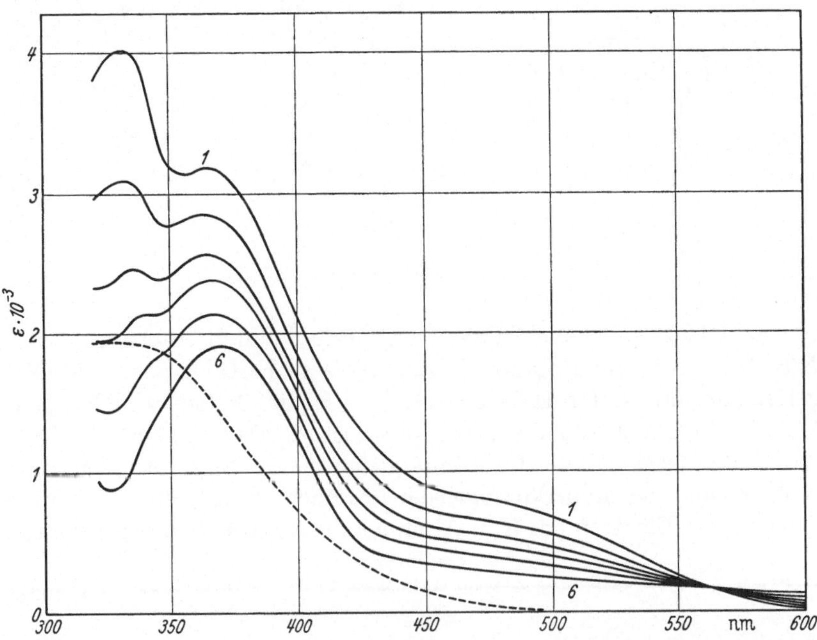

Abb. 7. Umwandlung des Fe^{III}-N(5)-Methyl-6,7-diphenyl-tetrahydropterin-Komplexes (Kurve 1) in Fe^{II}-Komplex (Kurve 6) (Experimentelle Bedingungen siehe Text).
Kurve 2 2 min nach der 1. Messung.
Kurve 3 6 min nach der 1. Messung.
Kurve 4 10 min nach der 1. Messung.
Kurve 5 20 min nach der 1. Messung.
Kurve 6 50 min nach der 1. Messung.
– – – – – – UV-Spektrum einer $Fe^{III}Cl_3$-Lösung derselben Konzentration, unter den gleichen Bedingungen.

nicht nötig, beschleunigt sie jedoch beträchtlich. Die Umwandlungsgeschwindigkeit des roten Komplexes in den gelben ist umgekehrt proportional der Sauerstoff-Konzentration in der Methanol-Lösung. Fehlt der Sauerstoff vollständig, so läßt sich der erste Komplex kaum beobachten, und im Spektrophotometer wird nur das UV-Spektrum des zweiten gemessen (*68, 75*).

Die charakteristischen Banden der Komplexe und ihre niedrigen molekularen Extinktionen deuten darauf hin, daß in diesen Komplexen das zentrale Fe-Atom ein Elektron vom N(5)-Methyl-tetrahydropterin (XXXIII) unter Bildung eines Radikalkations wegnimmt. Die Reaktion kann entspr. Schema 2 skizziert werden.

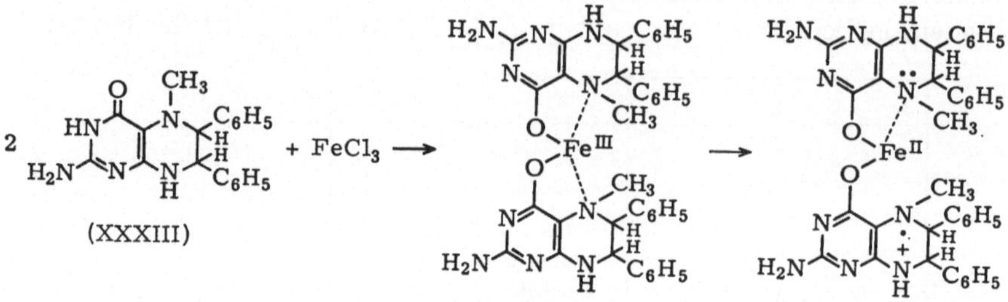

2 (XXXIII) + $FeCl_3$ → (XLIX) → (L)

Schema 2

Die Richtigkeit dieser Hypothese wurde dadurch bestätigt, daß das N(5)-Methyl-tetrahydropterin (XXXIII) — in HCOOH oder CF_3COOH gelöst und mit Spuren H_2O_2 behandelt — Radikalkationen bildet, deren ESR-Spektrum in Abb. 8 wiedergegeben ist (*8*). Das sehr einfache Signal der Radikalkationen wird auf eine gleich starke Kopplung von einem N-Atom und vier hyperkonjugierten Protonen zurückgeführt; somit ist das einsame Elektron am N(5)-Atom lokalisiert, wie in L angegeben ist.

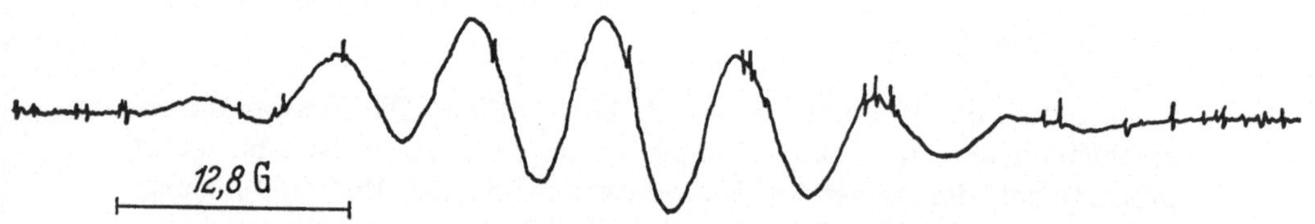

Abb. 8. ESR-Spektrum des N(5)-Methyl-6,7-diphenyl-6,7,8-trihydropterin-Radikalkations, aufgenommen in HCOOH + H_2O_2.

Der Komplex L ist bei niedrigem pH verhältnismäßig stabil, reagiert aber sehr rasch, wenn das pH auf 7—8 gebracht wird. Aus dem Reaktionsmilieu fällt ein weißes Produkt quantitativ aus; seine Zusammensetzung weist auf ein um ein O-Atom reicheres N(5)-Methyl-6,7-diphenyl-

5,6,7,8-tetrahydropterin hin. Dieses Produkt bildet sich noch leichter bei höherem pH und in Anwesenheit von EDTA. Der Verbrauch an Sauerstoff beträgt annähernd $\frac{1}{2}$ Mol pro Mol Pterin, so daß eine „gemischte" Oxydation für die Erklärung der Reaktion nicht in Betracht gezogen werden kann. Es ist auch von Bedeutung, daß das N(5)-Methyl-tetrahydropterin (XXXIII) in alkalischem Milieu — mit H_2O_2 behandelt — sehr rasch dasselbe Sauerstoff-Additionsprodukt ergibt.

Auf Grund dieser Ergebnisse kann das Schema 3 für die Autooxydation von N(5)-Methyl-tetrahydropterin (XXXIII) vorgeschlagen werden.

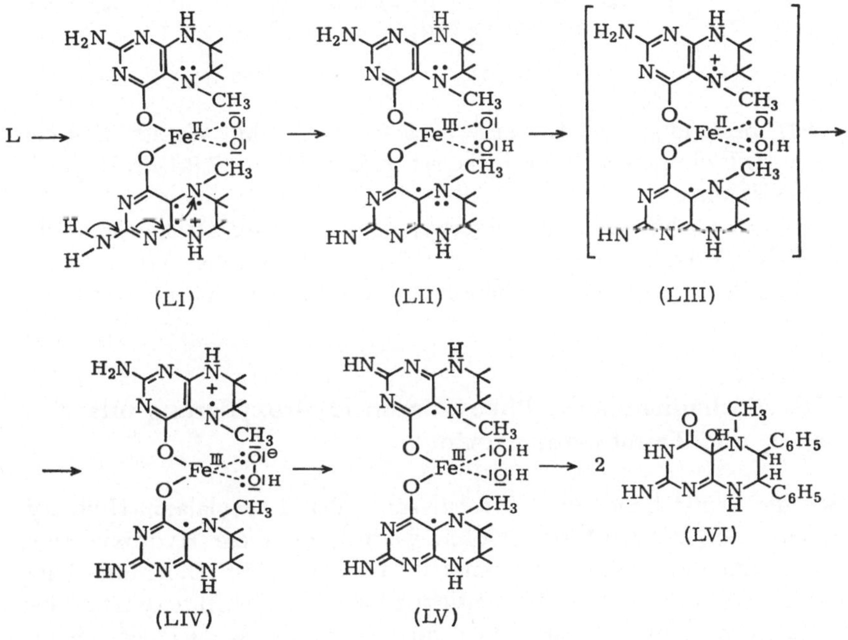

(LI) (LII) (LIII)

(LIV) (LV) (LVI)

Schema 3

Bei pH > 7 addiert das Komplexradikal (L) ein Sauerstoff-Molekül unter gleichzeitiger Übertragung eines Elektrons und Erhöhung der Oxydationszahl des Eisens ((L) → (LI)). Eine Elektronenumgruppierung findet danach statt ((LI) → (LII)), und im Komplex (LII) liegt nun ein N(5)-Methyl-tetrahydropterin-Molekül als neutrales Radikal vor, in welchem das einsame Elektron am C(5a)-Atom lokalisiert ist. Das Fe(III)-Atom übernimmt dann ein neues Elektron vom zweiten N(5)-Methyl-tetrahydropterin-Molekül ((LII) → (LIII)), und das vorher beschriebene Verfahren ((LIII) → (LIV) → (LV)) wiederholt sich bis zur Bildung des biradikalischen Moleküls (LV). Eine intramolekulare Wanderung von OH-Radikalen kann demnach nur von Fe^{III} zum C(5a)-Atom stattfinden, und zwei Moleküle (LVI) vom Sauerstoff-N(5)-Methyl-tetrahydropterin-Additionsprodukt, dessen Struktur bewiesen wurde (*75*), werden somit gebildet.

Die Oxydation der am N(5) nicht substituierten Tetrahydropterine (X) ist jetzt leicht zu verstehen. Die Reaktion verläuft ganz analog dem Schema 3 bis zur Bildung des um ein Sauerstoffatom reicheren Tetrahydropterins (LVII). Diese Pseudobase ist nicht, wie die Pseudobase

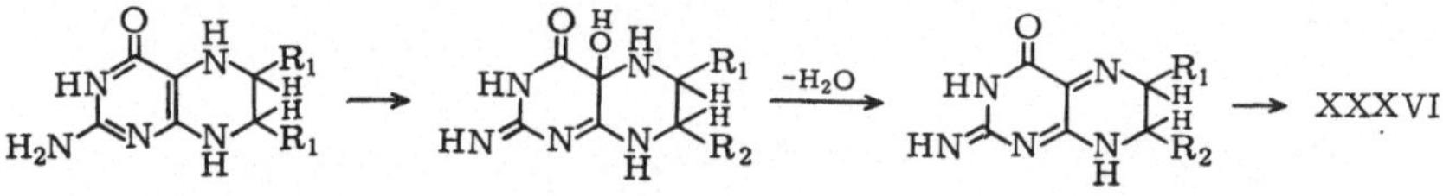

(X) → (LVII) $\xrightarrow{-H_2O}$ (LVIII) → XXXVI

(LVI), beständig, sondern verliert leicht ein Molekül Wasser. Das chinoide Dihydropterin (LVIII) lagert sich nun im 7,8-Dihydropterin (XXXVI) um.

Es sei nochmals darauf hingewiesen, daß dieser Mechanismus das THP-Molekül als einzigen Wasserstoffdonator vorsieht und daß diese Hydroxylierung von einer „gemischten" Oxydation verschieden ist.

VIII. Mechanismus der Phenylalanin-Hydroxylierung mit Fe(III) und Tetrahydropterinen

Bei der Aufstellung eines Mechanismus der Phenylalanin-Hydroxylierung muß zunächst entschieden werden, ob diese Hydroxylierung eine „gemischte" oder eine „einfache" Oxydation ist. Die Entdeckung von Tetrahydropterin-Radikalkationen während der Autoxydation der Tetrahydropterine sprechen eher für die zweite Möglichkeit, da ein radikalischer Mechanismus kaum zu einer stöchiometrischen, „gemischten" Oxydation — gemäß Reaktionen (12) → (13) → (14) — führen kann.

Hier seien zwei Tatsachen kurz erwähnt, die für den radikalischen Charakter der chemischen Phenylalaninhydroxylierung sprechen:

1. Eine genauere Untersuchung der Tyrosinbildung aus Phenylalanin mit Tetrahydropterin (Xa), EDTA oder Pyrophosphat sowie Fe(II) bzw. Fe(III) als Aktivatoren zeigte, daß unter den auf S. 626 angegebenen Bedingungen nicht nur p-Tyrosin, sondern auch o- und m-Tyrosin entstehen, und zwar im Verhältnis von $o:m:p = 2:1:1$ (*68*). Die Hydroxylierung folgt somit der *Fenton*schen Regel (*36*): statistisch gleich begünstigte Angriffe durch OH-Radikale in nucleophiler o- und p-Stellung, weniger begünstigter Angriff in elektrophiler m-Stellung des Benzolkerns.

2. Läßt man bei diesen Experimenten die Phenylalanin-Konzentration konstant und ändert man jene des Tetrahydropterins (Xa), so stellt man fest, daß bei der 10- bis 20-fachen Verdünnung von (Xa) die gebildeten Mengen von o-, m- und p-Tyrosin ungefähr gleich bleiben: je kleiner die Konzentration von (Xa), um so sichtbarer zeigt sich seine katalytische Wirkung (*68*). Das Tetrahydropterin (Xa) also wirkt nicht stöchiometrisch, wie es die Gleichungen (12), (13), (14) erfordern, sondern katalytisch.

Viscontini et al. haben zunächst ein Schema der Phenylalanin-Hydroxylierung skizziert, in welchem die OH-Radikale aus einem Tetrahydropterin-hydroxylamin-Molekül stammen (*68*). Auf Grund der neu ermittelten Resultate ist jedoch anzunehmen, daß der OH-Radikal-Donator ein Komplex wie (LV) ist. Somit läßt sich für die Phenylalanin-Hydroxylierung ein dem Schema 3 sehr ähnliches Bild aufstellen, das im Schema 4 zusammengefaßt ist.

Vom Fe^{III}-Tetrahydropterin-Komplex (LIX) bis zum Fe^{III}-H_2O_2-Tetrahydropterin-Radikalkomplex (LXVI) gleicht der Reaktionsverlauf jenem des entspr. N(5)-Methyl-tetrahydropterins (XXXIII). Nun reagieren die OH-Radikale entweder mit Phenylalanin (LXIV) unter Bildung von Tyrosin (LXVII) und H-Radikalen oder mit dem Tetrahydropterin-Biradikalkomplex (LXV) unter Bildung eines chinoidischen 5a-Hydroxy-tetrahydropterins (LXVIII).

Im ersten Falle reagieren die H-Radikale und Biradikale (LXV) zusammen und bilden wieder den Komplex (LIX), der am Reaktionsverlauf nochmals teilnehmen kann, womit die katalytische Wirkung des Tetrahydropterins (Xa) erklärt werden kann.

Im zweiten Falle wird von 5a-hydroxyliertem Tetrahydropterin (LXVIII) ein Molekül Wasser abgespalten und das gebildete chinoidische Dihydropterin (LXIX) kann entweder zum 7,8-Dihydropterin (XXXVI) umgelagert und weiter oxydiert oder zum Komplex (LIX) wieder reduziert werden (*68*).

Schema 4 scheint auf den ersten Blick kompliziert, weil man auf die Angabe zahlreicher Zwischenstufen angewiesen ist, die das gesamte System statisch erscheinen lassen; man muß jedoch annehmen, daß alle Reaktionen in einem einzigen Komplex stattfinden, in dem die Elektronen leicht von Atom zu Atom fließen können, sobald ein Sauerstoff-Molekül als Ligand gebunden wird. Thermodynamisch wird der Elektronenkreislauf durch freigesetzte Energie der Phenylalanin-Hydroxylierung in Bewegung gehalten.

Da die OH-Radikale leichter mit dem Biradikal (LXV) als mit dem Phenylalanin reagieren, ist zu erwarten, daß die Ausbeuten der Tyrosinbildung nicht sehr gut sein können, eine Überlegung, die mit den experimentellen Befunden übereinstimmt.

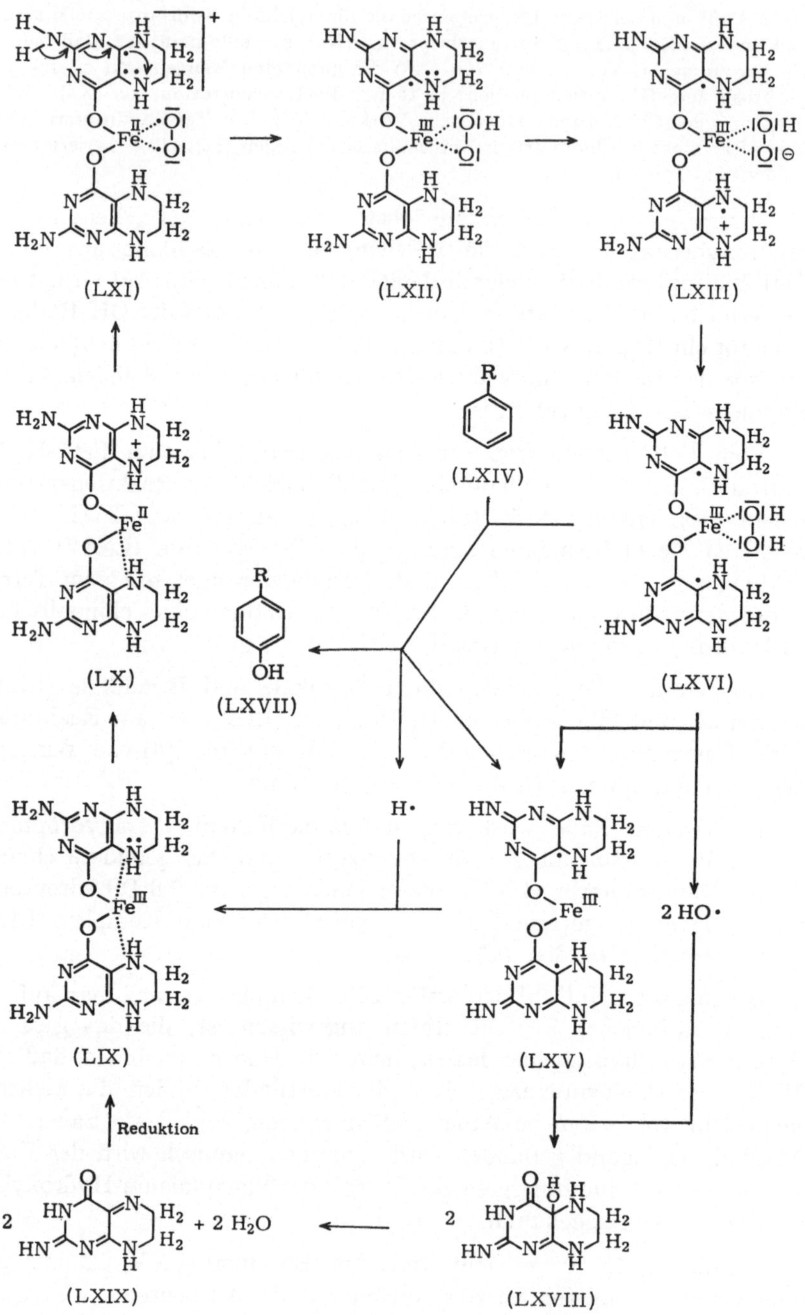

(LXI) (LXII) (LXIII)

(LXIV)

(LX) (LXVII) (LXVI)

H•

(LIX) (LXV) 2 HO•

Reduktion

2 + 2 H_2O 2

(LXIX) (LXVIII)

Schema 4

IX. Die enzymatische Hydroxylierung

Da bei der chemischen Hydroxylierung der pH der Lösung auf 6,8, die Fe-Ionen jedoch in Lösung gehalten werden müssen, verwendet man EDTA oder Pyrophosphat-Ionen als weitere Liganden der Fe-Komplexe. In der biologischen Reaktion übernimmt wahrscheinlich das spezifische Apoenzym diese Funktion, so daß am Schema 4 prinzipiell nichts zu ändern ist und dieses ebenso beim enzymatisch gesteuerten Reaktionsablauf verwendet werden kann.

Die Vermutung liegt nahe, daß aus stereochemischen Gründen in der enzymatischen Reaktion die OH-Radikale eher mit Phenylalanin als mit den Biradikalen des Coenzyms reagieren und daß die Ausbeuten der Tyrosinbildung wesentlich steigen.

Die folgenden beiden Punkte müssen jedoch noch geklärt werden:

1. Welches ist das richtige Coenzym der enzymatischen Reaktion? Wie oben erwähnt, hat *S. Kaufman* gezeigt, daß hydriertes Sepiapterin besser wirkt als das Tetrahydropterin (Xa) oder das 6,7-Dimethyl-tetrahydropterin (Xe) (*33*). In seiner letzten Arbeit — zusammen mit japanischen Autoren publiziert (*39*) — zeigt er, daß das Sepiapterin zunächst zu Dihydrobiopterin (XXXVIc) reduziert werden muß und daß das Tetrahydrobiopterin (Xc), welches in einem weiteren Reduktionsschritt entsteht, das eigentlich richtige Coenzym der Hydroxylierung sein sollte, eine Hypothese, die einige Jahre zuvor von *I. Ziegler* (*87, 90*) schon postuliert worden ist.

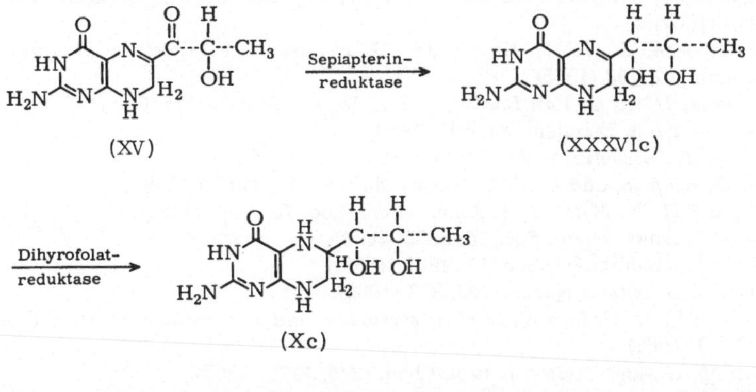

(XV) —Sepiapterin-reduktase→ (XXXVIc)

—Dihyrofolat-reduktase→ (Xc)

2. Ist die enzymatische Phenylalanin-Hydroxylierung eine „gemischte" oder eine reine radikalische Oxydation? Die Frage ist von Bedeutung, da entweder das Tetrahydropterincoenzym stöchiometrisch mit einem O_2-Molekül reagiert und ständig regeneriert werden muß, oder aber nur als Coenzym katalytisch, als eine Art von „pompe à électrons" wirkt und prinzipiell nicht regeneriert werden muß.

Nur die Biochemiker werden die Antwort auf diese Fragen geben können.

Für die Mitwirkung an dieser Arbeit bin ich folgenden Damen und Herren zu Dank verpflichtet: den Frl. Dres. *E. Loeser, E. Moehlmann, H. Stierlin*, den Herren Prof. Dr. *W. v. Philipsborn* und *M. Piraux*, den Herren Dres. *A. Bobst, S. Huwyler, L. Merlini, H. R. Weilenmann, M. Schoeller*, den Herren Dipl.-Chem. *G. Mattern* und *T. Okada*, Herrn cand. chem. *H. Leidner*, den Herren Prof. Dr. *W. Pfleiderer*, TH Stuttgart und PD Dr. *P. Hemmerich*, Universität Basel, für zahlreiche anregende Diskussionen, Herrn *H. Frohofer*, Leiter unserer mikroanalytischen Abteilung für die Ausführung vieler schwieriger Elementaranalysen.

Ebenfalls danke ich bestens dem Schweizerischen Nationalfonds zur Förderung der wissenschaftlichen Forschung, der Geigy-Jubiläumsstiftung, Basel, und der Eidgenössischen Stiftung zur Förderung schweizerischer Volkswirtschaft durch wissenschaftliche Forschung für die finanzielle Unterstützung unserer Forschungsarbeiten.

Literatur

1. *Albert, A.:* Quart. Rev. *6*, 197 (1952).
2. — Fortschr. Chem. org. Naturstoffe *11*, 350 (1954).
3. *Bobst, A.:* Dissertation, Universität Zürich 1966.
4. — u. *M. Viscontini:* Helv. *49*, 875 (1966).
5. — — Helv. *49*, 884 (1966).
6. *Brockmann, J. A., B. Roth, H. P. Broquist, M. E. Hultquist, J. M. Smith Jr., M. J. Fahrenbach, B. Cosulich, R. P. Parker*, and *E. L. R. Stockstad:* J. Amer. chem. Soc. *72*, 4325 (1950).
7. *Cosulich, D. B., B. Roth, J. M. Smith Jr., M. E. Hultquist*, and *R. P. Parker:* J. Amer. chem. Soc. *74*, 3252 (1952).
8. *Ehrenberg, A., P. Hemmerich, F. Müller, T. Okada* u. *M. Viscontini:* Helv. *50*, 411 (1967).
9. *Ellenbogen, L., R. J. Taylor*, and *G. B. Brundage:* Biochim. Biophys. Res. Comm. *19*, 708 (1965).
10. *Forrest, H. S., C. Van Baalen*, and *J. Myers:* Science *125*, 699 (1957).
11. — — — Arch. Biochem. *83*, 508 (1959).
12. — — *M. Viscontini* u. *M. Piraux:* Helv. *43*, 1005 (1960).
13. — *D. Hatfield*, and *C. Van Baalen:* Nature *183*, 1269 (1959).
14. —, and *H. K. Mitchell:* J. Amer. chem. Soc. *76*, 5656 (1954).
15. — — J. Amer. chem. Soc. *76*, 5658 (1954).
16. — — J. Amer. chem. Soc. *77*, 4865 (1955).
17. —, and *S. Nawa:* Nature *196*, 372 (1962).
18. *Goto, M., H. S. Forrest, L. H. Dickermann*, and *T. Urushibara:* Arch. Biochem. *111*, 8 (1965).
19. *Guroff, G.*, and *T. Ito:* J. Biol. Chem. *240*, 1175 (1965).
20. *Hamilton, G. A.*, and *R. J. Workman:* J. Amer. chem. Soc. *86*, 3390 (1964).
21. — J. Amer. chem. Soc. *86*, 3391 (1964).
22. *Hopkins, F. G.:* Phil. Trans. Roy. Soc. (B) *186*, 661 (1885).
23. International Symposium on Pteridine Chemistry, Stuttgart 1962, Pergamon Press 1964.
24. dto., S. 169.
25. dto., S. 267, 323.
26. dto., S. 307.
27. dto., S. 323.

28. *Kaufman, S.:* J. Biol. Chem. *226*, 511 (1957).
29. — J. Biol. Chem. *230*, 931 (1958).
30. — Biochim. Biophys. Acta *27*, 428 (1958).
31. — J. Biol. Chem. *234*, 2677 (1959).
32. — J. Biol. Chem. *236*, 804 (1961).
33. — J. Biol. Chem. *237*, 2712 (1962).
34. — J. Biol. Chem. *239*, 332 (1964).
35. —, and *B. Levenberg:* J. Biol. Chem. *234*, 2683 (1959).
36. *Kovacic, P.*, and *M. E. Kurz:* Tetrahedron Letters *1966*, 2689.
37. *Lederer, E.:* Biolog. Rev. Cambridge Phil. Soc. *15*, 273 (1940).
38. *Moos, A. R.*, and *R. Schoenheimer:* J. Biol. Chem. *135*, 415 (1940).
39. *Matsubara, M.*, *S. Katoh, M. Akino*, and *S. Kaufmann:* Biochim. Biophys. Acta *122*, 202 (1966).
40. *Nagatsu, T.*, *M. Levitt*, and *S. Udenfriend:* J. Biol. Chem. *239*, 2910 (1964).
41. *Nawa, S.:* Bull. chem. Soc. Japan *33*, 1555 (1960).
42. *O'Dell, B. L.*, *J. M. Vandenbelt, E. S. Bloom*, and *J. J. Pfiffner:* J. Amer. chem. Soc. *69*, 250 (1947).
43. *Patterson, E. L.*, *H. P. Broquist, A. M. Albrecht, M. H. von Salza*, and *E. L. R. Stockstad:* J. Amer. chem. Soc. *77*, 3167 (1955).
44. — — J. Amer. chem. Soc. *78*, 5868 (1956).
45. — *M. H. von Saltza*, and *E. L. R. Stokstad:* J. Amer. chem. Soc. *78*, 5871 (1956).
46. *Pesson, M.:* Bull. Soc. chim. France *1948*, 963; *1951*, 428.
47. *Pfleiderer, W.:* Angew. Chem. *75*, 993 (1953).
48. — Chem. Ber. *95*, 2195 (1962).
49. *Philipsborn, W. von, H. Stierlin* u. *W. Traber:* Helv. *46*, 2592 (1963).
50. *Pohland, A.*, *E. H. Flynn, R. G. Jones*, and *W. Shive:* J. Amer. chem. Soc. *73*, 3247 (1951).
51. *Polonovski, M.*, *M. Pesson* et *A. Puister:* Bull. Soc. chim. France *1951*, 521.
52. *Roth, B.*, *M. E. Hultquist, M. J. Fahrenbach, D. B. Cosulich, H. P. Broquist, J. A. Brockman Jr.*, *J. M. Smith Jr.*, *R. P. Parker, E. L. R. Stockstad*, and *T. H. Jukes:* J. Amer. chem. Soc. *74*, 3247 (1952).
53. *Sauberlich, H. E.:* J. Biol. Chem. *181*, 467 (1949).
54. *Schöpf, C.*, u. *K. H. Gänshirt:* Angew. Chem. *74*, 153 (1962).
55. *Shive, W.*, *J. T. Bardos, T. J. Bond*, and *L. L. Rogers:* J. Amer. chem. Soc. *72*, 2817 (1950).
56. *Stuart, A.*, *D. W. West*, and *H. C. S. Wood:* J. chem. Soc. *1964*, 4769.
57. *Udenfriend, S.*, *C. T. Clark, J. Axelrod*, and *B. B. Brodie:* J. Biol. Chem. *208*, 731 (1954).
58. —, and *J. R. Cooper:* J. Biol. Chem. *194*, 503 (1952).
59. *Baalen, C. Van*, and *H. S. Forrest:* J. Amer. chem. Soc. *81*, 1770 (1959).
60. *Viscontini, M.:* Ind. chim. Belge *1960*, 1181.
61. — Il Farmaco *18*, 47 (1963).
62. — Helv. *41*, 922, 1299 (1958).
63. — u. *A. Bobst:* Helv. *48*, 816 (1965).
64. — — Helv. *49*, 1815 (1966).
65. — *E. Hadorn* u. *P. Karrer:* Helv. *40*, 579 (1957).
66. — u. *S. Huwyler:* Helv. *48*, 764 (1965).
67. — u. *P. Karrer:* Helv. *40*, 968 (1957).
68. — *H. Leidner, G. Mattern* u. *T. Okada:* Helv. *49*, 1911 (1966).
69. — *E. Loeser, P. Karrer* u. *E. Hadorn:* Helv. *38*, 1222 (1955).
70. — — — — Helv. *38*, 2034 (1955).
71. — — — Helv. *41*, 440 (1958).

72. — *L. Merlini* u. *W. von Philipsborn:* Helv. *46*, 1181 (1963).
73. — u. *E. Moehlmann:* Helv. *42*, 836 (1959).
74. — — Helv. *42*, 1679 (1959).
75. — u. *T. Okada:* Helv., im Druck.
76. — u. *M. Piraux:* Helv. *45*, 615 (1962).
77. — — Helv. *46*, 1537 (1963).
78. — *M. Schoeller, E. Loeser, P. Karrer* u. *E. Hadorn:* Helv. *38*, 397 (1955).
79. — u. *H. Stierlin:* Helv. *46*, 51 (1963).
80. — u. *H. R. Weilemann:* Helv. *41*, 2170 (1958).
81. — — Helv. *42*, 1854 (1959).
82. *Weilemann, H. R.:* Dissertation, Universität Zürich, 1959.
83. *Wieland, H.*, u. *C. Schöpf:* Ber. deutsch. chem. Ges. *58*, 2178 (1925).
84. *Ziegler, I.:* Z. Naturforsch. *15b*, 460 (1960).
85. — Biochem. Z. *334*, 425 (1961).
86. — Z. Vererbungsl. *92*, 239 (1961).
87. — Z. Naturforsch. *18b*, 551 (1963).
88. — Biochem. Z. *337*, 62 (1963).
89. — Biochem. Biophys. Acta *78*, 219 (1963).
90. — Ergeb. Physiol. biol. Chem. exp. Pharmak. *56*, 1 (1965).
91. — u. *M. Feron:* Z. Naturforsch. *20b*, 318 (1965).
92. — u. *E. Hadorn:* Z. Vererbungsl. *89*, 235 (1958).
93. *Ziegler-Günder, I.:* Biol. Rev. *31*, 313 (1956).

Eingegangen am 7. April 1967

FORTSCHRITTE DER CHEMISCHEN FORSCHUNG

Herausgeber:
K. Hafner, Darmstadt
E. Heilbronner, Zürich
U. Hofmann, Kl. Schäfer
G. Wittig, Heidelberg
Schriftleitung:
F. Boschke, Heidelberg

9. BAND

1967/68

Springer-Verlag Berlin Heidelberg

Inhalt des 9. Bandes

1. Heft

2. Heft

3. Heft

4. Heft

Mitarbeiter des 9. Bandes

Doz. Dr. *H. Bürger*, Institut für Anorganische Chemie der Technischen Hochschule 3300 Braunschweig, Pockelsstraße 4

Prof. Dr. *L. v. Erichsen*, Institut für Physikalische Chemie der Universität, Abteilung Kernchemie, 5300 Bonn

Prof. Dr. *E. Hengge*, Institut für Anorganische Chemie der Technischen Hochschule, A-8010 Graz, Rechbauerstraße 12

Dr. *Jürgen Hinze*, Department of Physics, University of Chicago, 1100 East 58th Street, Chicago, Illinois 60637, USA

Dr. *M. Klessinger*, Organisch-Chemisches Institut der Universität, 3400 Göttingen, Windausweg 2

Dr. *H. König*, Hauptlaboratorium der BASF, 6700 Ludwigshafen

Dr. *H. W. Liebisch*, Institut für Biochemie der Pflanzen der Deutschen Akademie der Wissenschaften zu Berlin, X 4000 Halle (Saale)

Dr. *H.-J. Lorkowski*, Institut für organische Hochpolymere der Deutschen Akademie der Wissenschaften zu Berlin, X 7050 Leipzig, Permoserstraße 15

Dr. *H. Preuß*, Max-Planck-Institut für Physik und Astrophysik, Institut für Astrophysik, 8000 München 23, Föhringer Ring 6

Dr. *G. Scheuerer*, Landwirtschaftliche Versuchsstation der BASF Ludwigshafen, 6703 Limburgerhof/Pfalz, Postfach 220

Prof. Dr. *M. Schmeißer*, Institut für Anorganische Chemie der Technischen Hochschule, 5100 Aachen, Templergraben 55

Prof. Dr. *G. Schott*, Institut für Anorganische Chemie der Universität, X 2500 Rostock Buchbinderstraße 9

Prof. Dr. *M. Viscontini*, Organisch-Chemisches Institut der Universität, Ch-8006 Zürich, Rämistraße 76

Dr. *P. Voss*, Anorganische Abteilung der Farbenfabriken Bayer AG, 5090 Leverkusen

Prof. Dr. *U. Wannagat*, Institut für Anorganische Chemie der Technischen Hochschule, 3300 Braunschweig, Pockelsstraße 4